Bruno Borchardt

Grundriss der Physik zum gebrauche für Mediziner

bremen
university
press

Bruno Borchardt

Grundriss der Physik zum gebrauche für Mediziner

ISBN/EAN: 9783955623012

Auflage: 1

Erscheinungsjahr: 2013

Erscheinungsort: Bremen, Deutschland

GRUNDRISS DER PHYSIK

ZUM

GEBRAUCHE FÜR MEDIZINER.

VON

DR. BRUNO BORCHARDT.

MIT 52 IN DEN TEXT GEDRUCKTEN ABBILDUNGEN.

STUTTGART.

VERLAG VON FERDINAND ENKE.

1892.

Vorwort.

Der Anregung zu dem vorliegenden Werkchen, welche von Herrn Enke ausgegangen ist, kam ich um so lieber nach, als mir kein kurzgefasstes Lehrbuch der Physik bekannt ist, in welchem das Energieprinzip die ihm nach der ganzen neueren Entwicklung der Wissenschaft zukommende Stellung einnimmt. Ich hoffe, dass es mir gelungen ist, die Bedeutung dieses die ganze moderne Naturauffassung beherrschenden Satzes genügend hervorzuheben.

Eine besondere Schwierigkeit bietet die Behandlung der Mechanik für ein mathematisch nur wenig gebildetes Publikum, wie es die Studenten der Medicin ja leider sind; auch verbieten sich weitschweifige Rechnungen in dem geplanten Umfange des Compendiums von selbst.

Ueberraschend leicht gestaltet sich aber die gewünschte Darstellung, wenn man das Energieprinzip, wie es auch in den Vorlesungen des Herrn Prof. Kundt geschieht, voranstellt und aus ihm die wichtigsten mechanischen Sätze ableitet, wodurch zugleich auf die grundlegende Bedeutung des genannten Prinzips besonders wirksam hingewiesen wird.

Freilich ist der historische Gang der umgekehrte gewesen;
doch hat diese Voranstellung nichts Bedenkliches. Denn in
letzter Instanz ist das Energieprinzip, wie alle physikalischen
Sätze, ein Erfahrungssatz, nämlich die Formulirung der Erfahrung, dass Arbeit nicht aus nichts gewonnen werden kann.

Berlin, 28. Februar 1892.

Bruno Borchardt.

Inhalt.

Einleitung.

1. Es ist der Zweck der Physik, die Erscheinungen, welche man unter dem Namen: physikalische Vorgänge zusammenfasst (Bewegungs-, Schall-, Wärme-, Licht-, electrische Phänomene), dadurch dem Verständniss näher zu rücken, dass sie als Bewegungsvorgänge aufgefasst und als solche beschrieben werden.

Daher ist die Aufgabe der Physik: Die möglichst vollständige Beschreibung der Naturvorgänge und ihre Auffassung als Bewegungserscheinungen.

Der letzte Theil dieser Aufgabe ist noch nicht auf allen Gebieten vollständig gelungen.

2. Alle natürlichen Vorgänge geschehen an der Substanz oder Materie.

Mit Materie bezeichnen wir alles, was eine Einwirkung auf unsere Sinne ausüben kann. Diejenigen Eigenschaften, welche irgend etwas als Materie oder Substanz charakterisiren, sind folgende:

1. Jede Substanz nimmt ein bestimmtes Volumen ein.
2. Jede Substanz setzt dem Eindringen in ihr Volumen einen bestimmten Widerstand entgegen.
3. Jede Substanz ist fähig, Bewegung von einer andern Substanz zu empfangen und dieselbe ihrerseits wieder an eine andere Substanz zu übertragen.

3. Im Speciellen unterscheidet man drei verschiedene Erscheinungs-Zustände der Materie, welche man als die drei

Aggregatzustände bezeichnet: Den festen, den flüssigen, den gasförmigen Zustand.

Die Constanz der Materie. Es ist ein Hauptsatz der Chemie: Die Substanz ist unzerstörbar und unerschaffbar.[1] Er wird nun angenommen, dass die ganze Substanz aus für sich bestehenden, unveränderlichen kleinen Theilen besteht (Atome der Elemente, in Atome zerfällbare Molecüle der Verbindungen), zwischen welchen verschiedene Kräfte (s. § 11) wirksam sind. Die Art derselben bestimmt den Aggregatzustand.

Die Aggregatzustände. Im festen Zustande bewahren die Körper (Substanzcomplexe) eine unveränderliche Form. Die zwischen den Molecülen wirksamen Kräfte setzen der Trennung der Theile einen erheblichen Widerstand entgegen.

Im flüssigen Zustande nehmen die Körper eine kugelige Gestalt an. Auf der Erde schmiegen sie sich den Formen des sie enthaltenden Gefässes an bis auf die Oberfläche, welche sich horizontal (parallel der Meeresfläche) einstellt. Die zwischen den Molecülen wirksamen Kräfte setzen der Trennung der Theile nur einen sehr geringen Widerstand entgegen. Die Theile sind daher ausserordentlich leicht gegen einander verschiebbar.

Im gasförmigen oder elastisch-flüssigen Zustande nehmen die Körper ebenfalls eine kugelige Gestalt an. Auf der Erde füllen sie stets den ihnen gebotenen Raum vollständig aus und folgen leicht jeder Vergrösserung desselben, wie sie auch einer Verkleinerung gewöhnlich nicht einen sehr starken Widerstand entgegensetzen. Die zwischen den Molecülen wirksamen Kräfte bewirken eine Trennung der Theile bis zu einem gewissen Grade.

Die erwähnten anziehenden Molecularkräfte heissen Cohäsionskräfte, da sie die Cohäsion, das Zusammenhalten der Theile eines Körpers bewirken. Auch zwischen den Theilen

---

[1] Dieser Satz ist zuerst in klarer Weise von den eleatischen Philosophen ausgesprochen und der wissenschaftlichen Welt so eindringlich zum Bewusstsein gebracht worden, dass er nie wieder vergessen und verloren worden ist.

verschiedener Körper machen sich anziehende Kräfte bemerkbar, so dass auch solche Körper aneinander haften. (Anhaften von Flüssigkeiten an festen Körpern, Leimen.) Diese Erscheinung heisst Adhäsion.

4. Wenn eine allgemeine Regel aufgestellt wird, durch welche in möglichst präciser, womöglich mathematischer Form das Verhalten der Körper unter bestimmten Umständen beschrieben wird, so nennt man dieselbe ein Naturgesetz.

5. Da die Naturvorgänge als Bewegungserscheinungen aufgefasst werden sollen, so müssen zunächst die Bewegungsgesetze selbst aufgezeigt und dargestellt werden. Der Theil der Physik, in welchem dieses geschieht, heisst Mechanik.

6. Da die Physik eine Erfahrungswissenschaft ist, so muss sie die Erscheinungen messend verfolgen. In der Ausbildung der Messmethoden besteht daher ein wesentlicher Theil der experimentellen Forschung.

Doch ist auch die Wahl der Einheiten, mit welchen gemessen wird, von wesentlicher Bedeutung. Das in der Wissenschaft gebräuchliche Maasssystem, welches als das absolute bezeichnet wird, führt alle Maasseinheiten auf diejenigen der Länge, Masse und Zeit zurück. Diese drei nennt man daher auch die willkürlichen Einheiten, während im Gegensatz dazu die anderen Einheiten abgeleitete heissen.

Als Längeneinheit dient das Meter, das ist die Länge eines im Jahre 1790 aus Platin verfertigten Stabes, welcher im Keller der Sternwarte von Paris aufbewahrt wird.

Bei seiner Verfertigung wurde angestrebt, ihm die Länge des vierzigmillionten Theiles des Erdmeridians zu geben.

Als Masseneinheit dient das Kilogramm, das ist die Masse eines im Jahre 1790 aus Platin angefertigten Massenstückes, welches im Keller der Sternwarte zu Paris aufbewahrt wird. Bei seiner Verfertigung wurde angestrebt, ihm die Masse von 1 cbdm (1 Liter) Wasser bei einer Temperatur von $4°$ C. zu geben.

Als Zeiteinheit dient die Secunde, das ist der 86400. Theil des mittleren Sonnentages.

Man bezeichnet diese absoluten Einheiten mit den Buchstaben L, M, T.

Für physikalische Messungen bedient man sich gewöhnlich des 100. Theiles des Meters und des 1000. Theiles des Kilogrammes, welche man als Centimeter (cm) und Gramm (gr) bezeichnet. Man nennt daher das absolute Maasssystem auch wohl das Centimeter-Gramm-Secunden-System, dessen Einheiten mit cm, gr, sec. bezeichnet werden.

Mechanik.

A. Allgemeine Bewegungsgesetze.

7. Die fundamentale Anschauung, durch welche sich die moderne Physik von der antiken unterscheidet, ist diejenige, dass ein Körper, welcher in Bewegung ist, diesen Zustand unverändert beibehält, wenn keine Ursache wirkt, welche diesen Zustand ändert, während in der alten Wissenschaft angenommen wurde, dass dauernd Arbeit aufgewendet werden müsse, wenn ein Körper in Bewegung erhalten bleiben solle. Der Satz, welcher diese Anschauung ausspricht, ist selbstverständlich ein Erfahrungssatz, wenn er auch, nachdem man ihn einmal aufgefasst hat, dem Denken als durchaus selbstverständlich erscheint. Er wird das **Trägheitsgesetz** oder der Satz vom **Beharrungsvermögen** genannt. Derselbe lautet: [1]

Jeder Körper bewahrt seinen Zustand der Ruhe oder der Bewegung in gerader Linie (mit gleichförmiger Geschwindigkeit), wenn keine Ursache (Kraft) vorhanden ist, welche eine Aenderung dieses Zustandes bewirkt.

8. Die Begriffe, welche in diesem Satze vorkommen und

---

[1] Dieser Satz, welcher zuerst von Galilei klar erkannt und ausgesprochen wurde, wird auch das erste Newton'sche Bewegungsgesetz genannt, weil Newton es in seiner Philosophiae naturalis principia mathematica, 1686, als ersten Grundsatz aufstellt.

einer näheren Erläuterung sowie behufs der Messung einer zahlenmässigen Darstellung bedürfen, sind die der Geschwindigkeit, der Bewegung und der Kraft, an welche sich der der mechanischen Arbeit anschliesst.

Geschwindigkeit. Die Geschwindigkeit einer Masse wird gemessen durch den Weg, welchen sie in einer bestimmten Zeit, also der Zeiteinheit, zurücklegt. Vorausgesetzt ist dabei, dass die Masse in gleichen Zeiten gleiche Wege zurücklegt, welche Art der Bewegung man als eine mit gleichförmiger Geschwindigkeit oder als eine gleichförmige bezeichnet.

Ist die Bewegung nicht gleichförmig, sind aber die Wege, welche in gleichen Zeiten zurückgelegt werden, ungleich, so kann man nur von der Geschwindigkeit in einem gegebenen Zeitmoment sprechen. Man misst dieselbe alsdann durch den Weg, welcher in einer Zeiteinheit zurückgelegt werden würde, falls die Bewegung von dem gegebenen Momente an eine gleichförmige würde.

Bezeichnet man den Weg mit l, die Zeit mit t, die Geschwindigkeit mit v, so ergiebt sich die Formel: $v = l : t$.

Beschleunigung. 9. Ist die Bewegung nicht gleichförmig, so bezeichnet man den in der Zeiteinheit erfolgten Geschwindigkeitszuwachs als Beschleunigung, welche auch negativ sein kann (Verzögerung), wenn nämlich die Geschwindigkeit abnimmt. Vorausgesetzt ist dabei, dass die Beschleunigung constant ist, dass also die Geschwindigkeit in gleichen Zeiten um gleiche Beträge zu- resp. abnimmt; man nennt eine solche Bewegung eine gleichförmig beschleunigte resp. gleichförmig verzögerte.

Bezeichnet man die Beschleunigung mit b, so ergiebt sich die Formel: $b = v : t$.

Soll v die Anfangsgeschwindigkeit, v^1 die am Ende von t Sec. bezeichnen, so ist der erlangte Geschwindigkeitszuwachs $v^1 - v$, also die Beschleunigung

$$b = \frac{v^1 - v}{t}.$$

Bei ungleichförmiger Beschleunigung wird dieselbe analog der ungleichförmigen Geschwindigkeit in einem gegebenen Momente durch den Geschwindigkeitszuwachs gemessen, welcher in der Zeiteinheit erfolgen würde, wenn die Masse von dem gegebenen Momente an in die gleichförmig beschleunigte Bewegung übergehen würde.

10. Um die Bewegung eines Körpers in einem gegebenen Momente vollständig zu charakterisiren, muss nicht nur die Geschwindigkeit, sondern auch die Masse bekannt sein. Das Quantum an vorhandener Bewegung wächst nicht nur, wenn die Geschwindigkeit wächst, sondern auch, wenn die in Bewegung befindliche Masse wächst. Man misst dasselbe daher durch das Product aus der Masse in die Geschwindigkeit, welchen Ausdruck man auch die Bewegungsgrösse nennt. Bezeichnet man ihn mit b, so ist $b = m \cdot v$. *Bewegungsgrösse.*

11. Der Begriff Kraft war aufgefasst als die Ursache einer Aenderung im Bewegungszustande. Abgesehen von der Bewegungsrichtung ist diese Aenderung durch die sich bewegende Masse und den erfolgten Geschwindigkeitszuwachs, also durch die erzeugte Bewegungsgrösse vollständig charakterisirt. Man misst die Kraft daher durch die in der Zeit-Einheit erzeugte Bewegungsgrösse, welche natürlich auch negativ sein kann. Bezeichnet man die Kraft mit f, so ergiebt sich die Formel $f = \dfrac{m \cdot v}{t}$. Da $\dfrac{v}{t}$ als Beschleunigung definirt war, so kann man die Kraft auch als das Product der Masse in die Beschleunigung definiren. *Kraft.*

12. Wie man Geschwindigkeiten in Grösse und Richtung durch gerade Linien darstellen kann, so kann es auch mit Kräften geschehen. *Zusammensetzung von Geschwindigkeiten und Kräften.*

Werden einem Massenpunkte mehrere Geschwindigkeiten, theils in derselben, theils in entgegengesetzter Richtung ertheilt, so resultirt eine Geschwindigkeit, welche der algebraischen Summe der einzelnen gleich ist. (Dabei sind die Geschwindigkeiten im einen Sinne als positive, die von der entgegengesetzten Richtung als negative in Rechnung zu ziehen.)

Werden einem Massenpunkte zwei Geschwindigkeiten in beliebigen Richtungen ertheilt, so resultirt eine Geschwindigkeit, welche in Grösse und Richtung durch die Diagonale des aus den ersten beiden construirten Parallelogrammes dargestellt ist. (Parallelogramm der Geschwindigkeiten.)

Auch beliebig viele Geschwindigkeiten, welche einem Massenpunkte ertheilt sind, lassen sich hiernach zu einer resultirenden Geschwindigkeit zusammensetzen.

Diese Sätze lassen sich auch ohne Weiteres auf die Zusammensetzung von Kräften übertragen. (Parallelogramm der Kräfte.)

Wie sich mehrere auf einen Punkt wirkende Kräfte oder Geschwindigkeiten zu einer resultirenden zusammensetzen lassen, so kann man auch jede Kraft und jede Geschwindigkeit in ihrer Wirkung durch mehrere einzelne ersetzen, sie in mehrere Componenten zerlegen, wenn man nur darauf achtet, dass die Resultirende die Diagonale des Parallelogrammes aus zwei Componenten ist.

Auch Kräfte, welche an verschiedenen Punkten eines Massensystemes angreifen, können zusammengesetzt werden. Unter einem Massensystem ist dabei ein System von Massenpunkten verstanden, welche in unveränderlicher Entfernung von einander bleiben, so dass die einzelnen Punkte ihre gegenseitige Lage nicht ändern, sondern nur das System als Ganzes sich in Beziehung auf die Umgebung bewegen kann.

Besteht ein Massensystem aus zwei Punkten und wirken auf dasselbe zwei gleiche, parallele, aber entgegengesetzt gerichtete Kräfte, deren Angriffspunkte jene beiden Punkte sind, so können dieselben nicht zu einer resultirenden Kraft zusammengesetzt werden, sondern bewirken eine Drehung des Systems. Zwei solche Kräfte heissen ein Kräftepaar.

Ist ein Massensystem der Wirkung ganz beliebiger Kräfte unterworfen, so kann doch niemals eine complicirtere Bewegung entstehen, als eine fortschreitende und eine drehende. Es ist darnach ersichtlich, dass sich die wirkenden Kräfte immer zusammensetzen lassen zu einer resultirenden Kraft, der Ursache der fortschreitenden Bewegung, und einem resultirenden Paar, welches die Drehung bewirkt.

In dem speciellen Falle, dass nur parallele Kräfte wirken, lassen sie sich immer zu einer resultirenden Kraft zusammensetzen, deren Angriffspunkt, Mittelpunkt der parallelen Kräfte genannt, von ihrer Richtung unabhängig ist.

13. Unter mechanischer Arbeit versteht man das Product aus einer Kraft in den Weg, durch welchen sie wirkt, um welchen also ihr Angriffspunkt verschoben ist. Dabei ist der Weg aber immer in der Richtung der Kraft zu nehmen; ist die Richtung desselben eine andere, als die der Kraft, so muss er in zwei Componenten, die eine senkrecht zur Kraft, die andere ihr parallel, zerlegt werden, und nur diese letztere kommt für die Berechnung der Arbeit in Betracht.

Arbeit.

Wird der Angriffspunkt entgegen der Kraftrichtung verschoben, so spricht man nicht mehr vom Arbeiten der Kraft, sondern von einer Arbeit gegen die Kraft. Man kann dieselbe auch als negative Arbeit der Kraft bezeichnen.

Bezeichnet man die Arbeit mit a, so ergiebt sich die Gleichung: $a = f.l.$

Die in der Zeiteinheit vollbrachte Arbeit wird der Nutzeffect genannt. Bezeichnet man ihn mit n, so besteht die Gleichung: $n = \dfrac{a}{t} = \dfrac{f.l}{t}.$

14. Wenn man in den im Vorigen aufgestellten Gleichungen rechts die Einheiten der betreffenden Maasse setzt, so ergeben sich auch links die Einheiten der betreffenden Grössen. Wählt man für sie die grossen Buchstaben, so ist:

Einheit der Geschwindigkeit: $V = \dfrac{L}{T}.$

Einheit der Beschleunigung: $B = \dfrac{V}{T}.$

Einheit der Bewegungsgrösse: $B = M.V.$

Einheit der Kraft (Dyne genannt): $F = \dfrac{M.V}{T}.$

Einheit der Arbeit: $A = F \cdot L$.

Einheit des Nutzeffects: $N = \dfrac{F \cdot L}{T}$.

Dimension.   Setzt man in diese abgeleiteten Einheiten die Grössen M, L, T ein, so sieht man, wie eine jede derselben aus den drei Grundeinheiten zusammengesetzt ist. Der algebraische Ausdruck, welcher diese Abhängigkeit zeigt, heisst die Dimension der betreffenden Einheit. So ist die Dimension der Kraft: $\dfrac{ML}{T^2} = \dfrac{cm \cdot gr}{sec.^2}$, die der Arbeit: $\dfrac{M \cdot L^2}{T^2} = \dfrac{cm^2 \cdot gr}{sec.^2}$.

Energie.   15. Die Fähigkeit, mechanische Arbeit zu leisten, ist durch verschiedene Zustände, in welchen sich die Massen befinden können, bedingt. Jede solche Fähigkeit wird mit dem Namen Energie (Arbeitsfähigkeit) bezeichnet. Je nach der Art des Zustandes, durch welchen die Arbeitsfähigkeit charakterisirt ist, spricht man von der Wärmeenergie, electrischen Energie, chemischen Energie etc.

In mechanischer Beziehung ist der Zustand eines Massensystems vollständig durch die gegenseitige Lage der einzelnen Punkte, sowie durch die Geschwindigkeiten derselben charakterisirt, daher kann Arbeit nur durch Lagen- oder Geschwindigkeits-Aenderung geleistet werden.

Diejenige Arbeitsfähigkeit, welche in einem Massenpunkte zufolge seiner Geschwindigkeit vorhanden ist, diejenige Arbeit also, welche geleistet wird, wenn der Punkt seine Geschwindigkeit verliert,[1] heisst seine Bewegungs-Energie oder seine kinetische Energie (auch actuelle Energie oder lebendige Kraft).

Zwischen je zwei Massenpunkten sind im Allgemeinen Kräfte wirksam, welche die Massen in Bewegung zu setzen streben. Wenn die Massen dieser Einwirkung folgen können, so

---

[1] Die Geschwindigkeit eines Punktes kann nur relativ, in Beziehung auf einen anderen Punkt, verstanden werden. Von einer Bewegung schlechthin kann nicht gesprochen werden, da Bewegung ja Lagenänderung heisst, die Lage aber nur in Beziehung auf andere Punkte bestimmbar ist.

kommen sie schliesslich in eine Lage, in welcher sich ein Widerstand sowohl gegen weitere Annäherung, als gegen weitere Entfernung bemerkbar macht, in eine Lage also, in welcher keine bewegenden Kräfte auf sie einwirken. Durch die Lage zweier Massen ist also auch eine Arbeitsfähigkeit gegeben, welche ihrem Betrage nach der Arbeit gleich ist, welche geleistet wird, wenn die Massen zufolge der wirksamen Kräfte aus der gegenwärtigen Lage in diejenige übergehen, in welcher keine Kräfte zwischen ihnen wirksam sind. Diese Arbeitsfähigkeit heisst die **Energie der Lage** oder die **potentielle Energie** der beiden Massen.

Während die kinetische Energie ihrem Betrage nach durch die Masse und ihre Geschwindigkeit vollkommen bestimmt ist, muss man zur Bestimmung der potentiellen Energie zweier Massen auf einander auch das Kraftgesetz kennen, welches zwischen ihnen wirksam ist. Dasselbe ist für einigermassen merkliche Entfernungen das Newton'sche Attractionsgesetz:

Kraftgesetze.

Zwischen je zwei Massen ist eine anziehende Kraft wirksam, welche den Massen direkt, dem Quadrat ihrer Entfernung umgekehrt proportional ist.

Für sehr kleine Entfernungen dagegen gilt das elastische Kraftgesetz:

Auf jede Masse wirkt eine anziehende oder abstossende Kraft, welche ihrer Entfernung aus der Gleichgewichtslage direkt proportional ist.

Man sieht sofort, dass die allgemeine Berechnung der Arbeit, welche bei der Lagenänderung zweier Massen geleistet wird, also auch ihrer potentiellen Energie, nicht einfach ist, da die wirksame Kraft nicht constant bleibt, sondern sich beständig ändert, sowie sich die gegenseitige Entfernung der Massen ändert.

16. Man unterscheidet die äusseren Kräfte von den inneren Kräften eines Massensystems, welche zwischen dessen Punkten selbst wirksam sind.

Erhaltung der Energie.

Es ist ein fundamentaler Lehrsatz der modernen Mechanik, dass durch Aufwendung von äusserer Arbeit, d. h. durch Arbeiten äusserer Kräfte, die Energie eines Massensystemes vermehrt wird, während bei Verminderung der Energie des Systemes von demselben äussere Arbeit geleistet wird. Wird dagegen weder von äusseren Kräften an dem Systeme, noch von dem Systeme an äusseren Körpern Arbeit geleistet, so bleibt die Energie des Systemes unverändert die gleiche. Man nennt diesen Satz: Das Prinzip von der Erhaltung der Energie. Dasselbe sagt aus, dass in einem Massensysteme jede Veränderung von potentieller Energie von einer entsprechenden an kinetischer Energie begleitet sein muss, und zwar muss jeder Verminderung der einen Energieform eine gleiche Vermehrung der anderen entsprechen.[1])

Das Energieprinzip gilt nicht nur für die beiden mechanischen Formen der .potentiellen und kinetischen Energie, sondern für jede Energieform, so dass innerhalb eines Systemes immer nur eine Umwandlung derselben in einander, niemals eine Zerstörung von Energie möglich ist.

Da es das Bestreben der Physik ist, alle Erscheinungen als Bewegungsvorgänge aufzufassen (cfr. § 1), so werden auch alle Energieformen als potentielle und kinetische angenommen.

Fasst man zugleich die ganze Welt als ein einziges Massensystem auf, so giebt es nur innere Vorgänge und innere Kräfte, so dass weder äussere Kräfte vorhanden sind, noch äussere Arbeiten geleistet werden können. Alsdann lautet der Satz: Die Energie des Weltalls ist konstant.

Einen Einwand könnte man wegen der Unendlichkeit der Masse des Weltalls erheben und den Satz daher auf unser Planetensystem beschränken.

---

[1]) Dieser Satz, welcher hier als Lehrsatz auftritt, aus welchem später manche Erscheinungen gefolgert werden, ist in der Geschichte der Wissenschaft natürlich inductiv aus den Erscheinungen gefolgert und ebenso ein Erfahrungssatz, wie alle anderen physikalischen Gesetze.

Bezeichnet man die kinetische Energie mit K, die potentielle mit P, so ist der mathematische Ausdruck des Energieprinzips: $K + P = $ const.

17. Das Energieprinzip gestattet in sehr einfacher Weise den Betrag an kinetischer Energie oder lebendiger Kraft, welchen eine Masse m mit der Geschwindigkeit v hat, zu berechnen. Derselbe muss nämlich genau so gross sein, als der Betrag an Arbeit, welcher aufgewendet werden muss, um an der Masse m die Geschwindigkeit v zu erzeugen; denn nur dieser Betrag kann nach dem Prinzip auch wieder gewonnen werden, wenn die Masse ihre Geschwindigkeit thatsächlich verliert. Diese Arbeit ist das Produkt aus Kraft und Weg, $f \cdot l$. Für die Kraft haben wir den Ausdruck $f = \dfrac{m \cdot v}{t}$, für den Weg $l = v \cdot t$. Es ist aber zu beachten, dass der Geschwindigkeitszuwachs während der Zeit t erzeugt war, dass die Bewegung innerhalb dieser Zeit also keine gleichförmige, sondern eine gleichförmig beschleunigte war. Dann kommt es im Effect für den zurückgelegten Weg auf dasselbe hinaus, als ob die Bewegung eine gleichförmige mit der mittleren Geschwindigkeit $\dfrac{v}{2}$ war, da hierbei, was in der ersten Hälfte der Zeit zu viel gerechnet wurde, in der zweiten Hälfte zu wenig in Rechnung kommt. Es ist dann $l = \dfrac{v}{2} \cdot t$. Mithin ergiebt sich $f \cdot l = \dfrac{m \cdot v}{t} \cdot \dfrac{v}{2} \cdot t = \dfrac{1}{2} m v^2$ als der Betrag der kinetischen Energie.

18. Der Betrag der potentiellen Energie einer Masse in Beziehung auf eine andere lässt sich, wie schon gesagt, nicht einfach angeben. Aber soviel erhellt aus dem Energieprinzip sofort, dass eine Verminderung der potentiellen Energie eintritt, wenn der Massenpunkt, an welchem die Kraft angreift, zufolge deren die potentielle Energie vorhanden ist, in der Kraftrichtung bewegt wird, eine Vermehrung, wenn die Bewegung gegen die Kraftrichtung erfolgt. Auch sieht

man, dass der Betrag dieser Energieänderung gleich der gegen die Kraft aufgewendeten resp. von ihr geleisteten Arbeit ist. Der mathematische Ausdruck für dieselbe ist einfach, falls die Kraft während der Bewegung constant blieb; in diesem Falle ist er offenbar: $f . l.$

Die Schwere.   19. Die Schwere, welche sämmtliche Körper zeigen, welche sich in der Nähe der Erdoberfläche befinden, ist in den verschiedenen Höhen dieselbe. Allerdings folgt auch die Kraftwirkung zwischen der Erde und den fallenden Körpern dem Newton'schen Gesetz. Aber die Erde wirkt als eine Kugel so, als ob ihre ganze Masse in ihrem Mittelpunkt vereinigt wäre, und gegen die grosse Entfernung der Oberfläche selbst von diesem Anziehungscentrum kommen die geringen Unterschiede, welche durch die verschiedenen Erhebungen über die Oberfläche hervorgebracht werden, nicht in Betracht. Die Schwere also ist das Bestreben, welches alle Massen zeigen, so tief als möglich zu fallen, welcher Neigung sie folgen, falls sie nicht gestützt werden. Allerdings haben wir es gewöhnlich nicht mit Massenpunkten zu thun. Da aber die Schwerkräfte, welche an den einzelnen Atomen angreifen, wegen der grossen Entfernung des Erdcentrums als parallel anzusehen sind, so setzen sie sich zu einer Resultirenden gleich ihrer Summe zusammen, deren Angriffspunkt der Schwerpunkt heisst. Es ist nicht nothwendig, dass dieser Schwerpunkt selbst mit einem Massenpunkte zusammenfällt; jedenfalls ist für alle einschlägigen Fragen die Sache ganz so zu behandeln, als ob im Schwerpunkte die ganze Masse vereinigt wäre. Dieser sucht also so tief als möglich zu fallen, und ist er gestützt, so ist die ganze Masse am Fallen gehindert. Für die folgende Betrachtung soll daher Körper immer so viel heissen, als im Schwerpunkt vereinigt gedachte Masse.

Die Schwere ist, wie gesagt, für einen bestimmten Körper an einer Stelle der Erde in den verschiedensten Erhebungen constant, da dieser Körper in gleicher Zeit stets denselben Geschwindigkeitszuwachs, dieselbe Beschleunigung erhält. In verschiedenen Breiten ist diese Beschleunigung, also die Schwere eines Körpers, allerdings verschieden.

Sorgfältige Versuche, im luftleeren Raum, haben gezeigt, dass am selben Orte alle Körper, leichte und schwere, gleich schnell fallen, die gleiche Beschleunigung erhalten; also ist die Schwere lediglich der Masse proportional, und wenn die Beschleunigung mit g bezeichnet wird, durch den Ausdruck gegeben: $m \cdot g$. Die Beschleunigung g beträgt unter 45^0 Breite 980,8 cm.

Befindet sich eine Masse m in der Erhebung h über dem Meeresniveau, so ist die mögliche Lagenänderung zwischen der Erde und dieser Masse die Senkung der letzteren bis zum Meeresniveau. Dabei würde die Kraft mg durch den Weg h wirken, also die Arbeit $mg \cdot h$ leisten. Daher ist auch $mg \cdot h$ die potentielle Energie der Masse m in der Erhebung h in Bezug auf die Erde.

Sinkt die Masse nur um die Strecke h_1, so wird ihre potentielle Energie um den Betrag $mg \cdot h_1$ vermindert; um denselben Betrag wird sie vermehrt, wenn die Masse um die Strecke h_1 entgegen der Schwere gehoben wird.

20. Da die Schwere mg ist, die wirkende Kraft aber, wenn die Geschwindigkeit v erzeugt wurde, $\dfrac{m \cdot v}{t}$ war, so folgt $\dfrac{m \cdot v}{t} = m \cdot g$, woraus sich ergiebt $v = g \cdot t$ als die Geschwindigkeit eines fallenden Körpers nach t Secunden; diese Beziehung leuchtet auch als selbstverständlich ein, wenn man in Betracht zieht, dass der Geschwindigkeitszuwachs des fallenden Körpers für jede Secunde g ist.

Ist der Körper während der Zeit t durch die Strecke h gefallen, so hat er einen Verlust an potentieller Energie im Betrage mgh erlitten; dagegen hat er an kinetischer Energie zufolge des Geschwindigkeitszuwachses v um den Betrag $\frac{1}{2} m v^2$ zugenommen. Mithin besteht die Gleichung $mg \cdot h = \frac{1}{2} m v^2$, woraus folgt: $v = \sqrt{2gh}$. Eliminirt man v aus den beiden Fallformeln:

$$1) \ v = gt, \quad 2) \ v = \sqrt{2gh}, \ \text{so ergiebt sich:}$$
$$2a) \ h = \tfrac{1}{2} gt^2.$$

**Die Wurfbe-
wegung.**

In genau derselben Weise lässt sich der senkrechte Wurf abwärts und aufwärts behandeln. Behalten wir obige Bezeichnung bei und nennen die Wurfgeschwindigkeit c, so ist der Geschwindigkeitszuwachs $v - c$ (im zweiten Falle negativ); also die wirksame Kraft $m \cdot \dfrac{(v - c)}{t} = mg$ (resp. $- mg$), woraus folgt: 1) $v = c \pm gt$.

Der Verlust an potentieller Energie ist wieder $m \cdot gh$ (im zweiten Falle negativ), der Gewinn an kinetischer $\tfrac{1}{2} mv^2 - \tfrac{1}{2} mc^2$, mithin ist $\tfrac{1}{2} mv^2 - \tfrac{1}{2} mc^2 = \pm mgh$, woraus folgt:

$$2) \ v = \sqrt{c^2 \pm 2gh}.$$

Auch hier folgt wieder durch Elimination von v die Formel

$$2a) \ h = ct \pm \tfrac{1}{2} gt^2.$$

Wird ein Körper schief aufwärts geworfen, so muss die Wurfgeschwindigkeit nach dem Satze vom Parallelogramm in eine senkrechte und eine horizontale, c_1 und c_2, zerlegt werden. Alsdann treten die Gesetze der senkrechten Wurfbewegung ein, während die horizontale Bewegung von der Schwere nicht alterirt wird, weil die Schwerkraft auf ihrer Richtung senkrecht steht, und daher nach dem Gesetze der gleichförmigen Bewegung erfolgt. Will man bespielsweise ermitteln, in welcher horizontalen Entfernung der Körper den Boden wieder berühren wird, so berechnet man aus den Wurfgleichungen die ganze Zeit der Bewegung, indem man $h = o$ setzt und für die Wurfgeschwindigkeit die senkrechte Componente c_1 einsetzt; mit der ermittelten Zeit braucht man dann nur die horizontale Geschwindigkeitscomponente zu multipliciren.

Zu bemerken ist noch, dass in derselben Horizontalebene die potentielle Energie der geworfenen Masse dieselbe ist; daher muss dies auch mit der kinetischen Energie der Fall sein. Folglich wird bei der Aufwärts- und Abwärtsbewegung dieselbe Horizontalebene stets mit derselben Geschwindigkeit passiert.

21. Wenn ein Massensystem unter der Einwirkung verschiedener Kräfte, in Ruhe bleibt, so sagt man, die Kräfte halten sich das Gleichgewicht oder das Massensystem befindet sich im Gleichgewicht; so befindet sich ein schwerer Körper stets im Gleichgewicht, wenn sein Schwerpunkt, der Angriffspunkt der Resultirenden der Schwerkräfte, durch andere Kräfte an der Bewegung gehindert ist. *Die Gleichgewichtsarten.*

Das Gleichgewicht selbst kann von dreifach verschiedener Art sein:

An dem Massensystem wird durch äussere Einwirkung eine kleine Verschiebung gemacht. Dann können drei Fälle eintreten:

a) Das System bleibt in der neuen Lage in Ruhe; neutrales oder indifferentes Gleichgewicht.

b) Das System kehrt in die alte Gleichgewichtslage zurück; stabiles Gleichgewicht.

c) Das System sucht eine neue stabile Gleichgewichtslage auf; labiles Gleichgewicht.

Bei der Verschiebung zufolge der äusseren Einwirkung werden die Angriffspunkte der wirksamen Kräfte theils in ihrer Richtung, theils gegen dieselbe verschoben, so dass theils von den Kräften, theils gegen sie Arbeit geleistet ist. Ueberwiegt die letztere, die negative Arbeit der Kräfte, so ist ein Zuwachs an potentieller Energie eingetreten; überwiegt die positive Arbeit der Kräfte, so eine Verminderung. Sind sie gleich, so ist auch die potentielle Energie ungeändert geblieben. *Die Gleichgewichtsbedingungen.*

Im Falle a) bleibt das System auch in der neuen Lage in Ruhe, also ist dieses letzte der Fall. Im Falle b) kehrt das System in die alte Lage zurück und kommt in derselben mit einer gewissen Geschwindigkeit an; in dieser hat es daher seine ursprüngliche potentielle und ausserdem noch kinetische Energie; letztere kann es nur durch Verlust an potentieller gewonnen haben; folglich muss die potentielle Energie in der neuen Lage grösser sein, als in der Gleichgewichtslage. Kleiner muss sie im Falle c) sein, denn hier hat das System in der neuen Lage eine Geschwindigkeit, mit der es weiter geht.

Somit lauten die Gleichgewichtsbedingungen für die drei Fälle:

a) Ein Massensystem befindet sich in neutralem Gleichgewicht, wenn bei einer kleinen Verschiebung die gegen die Kräfte aufgewendeten Arbeiten gleich den von den Kräften geleisteten sind, oder die potentielle Energie des Systems konstant bleibt.

b) Ein Massensystem befindet sich im stabilen Gleichgewicht, wenn bei einer kleinen Verschiebung die gegen die Kräfte aufgewendeten Arbeiten grösser sind, als die von den Kräften geleisteten, oder die potentielle Energie des Systems wächst.

c) Ein Massensystem befindet sich im labilen Gleichgewicht, wenn bei einer kleinen Verschiebung die gegen die Kräfte aufgewendeten Arbeiten kleiner sind, als die von den Kräften geleisteten, oder die potentielle Energie des Systemes abnimmt.

Maschinen. 22. Aus dem Energieprincip folgt, dass durch keine mechanische Vorrichtung Arbeit aus Nichts gewonnen werden kann; man kann nur die Energievorräthe, welche in der Natur vorhanden sind, in eine andere Energieform umsetzen und dadurch für den Menschen nutzbar machen. Vorrichtungen, durch welche dies geleistet werden kann, heissen Maschinen.

Bei den einfachen Maschinen handelt es sich immer darum, Lasten entgegen der Schwere zu bewegen, indem man andere Kräfte, häufig die menschlichen Muskelkräfte, in beliebiger Richtung wirken lässt. Es sollen im folgenden die Gleichgewichtsbedingungen für einige einfache Machinen abgeleitet werden; dabei soll die wirkende Kraft mit P, die zu hebende Last mit Q bezeichnet werden.

so dass also, wenn die Masse der Last m ist, $Q = m \cdot g$ ist.

a) (Fig. 1). Wird mit dem System eine kleine Ver- Die Rolle.
schiebung gemacht, so dass der Angriffspunkt von
P um h verschoben wird, von A nach A', so wird
der von Q von B nach B' kommen, wobei $BB' = AA' = h$ ist. Die aufgewendete Arbeit ist hierbei
$P \cdot h$, die geleistete $Q \cdot h$; es folgt $P \cdot h = Q \cdot h$, somit $P = Q$. Also müssen Kraft und Last einander
gleich sein.

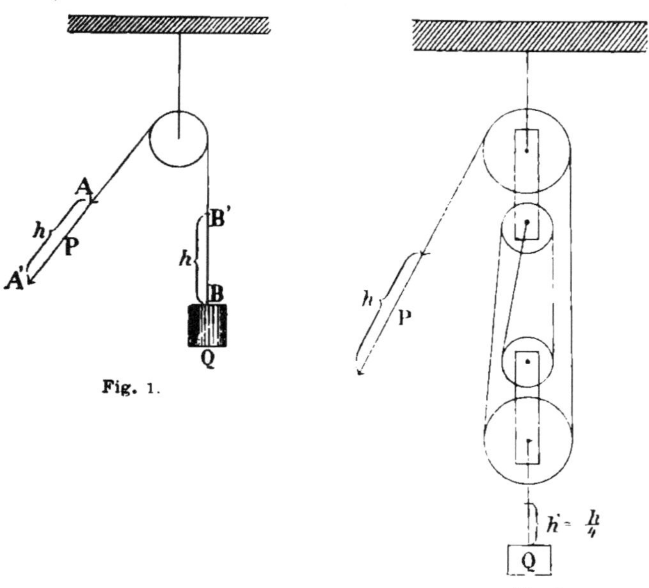

Fig. 1.

Fig. 2.

b) (Fig. 2). Derselbe besteht aus einer aus der Zeich- Flaschenzug.
nung verständlichen Combination von Rollen. Wird
mit dem System eine kleine Verschiebung gemacht,
der Angriffspunkt der Kraft P um h verschoben, so
vertheilt sich diese Verschiebung auf sämmtliche zwischen den Rollen ausgespannte Seile, so dass die
Last Q nur um einen entsprechenden, in der Zeich-

nung den vierten Theil verschoben wird. Daher besteht die Gleichung:

$$P \cdot h = Q \cdot \frac{h}{4}; \text{ es folgt: } P = \frac{Q}{4}.$$

Bei anderen Rollencombinationen können ähnliche Betrachtungen angestellt werden.

c) (Fig. 3). Verschiebt man den Angriffspunkt der Kraft P von A nach A' um h, so wird der der Last Q von β nach β' ebenfalls um h verschoben. Dabei ist der Angriffspunkt aber in der Kraftrichtung nur um $C\beta' = h'$ verschoben, so dass die gegen die Schwere geleistete Arbeit $Q \cdot h'$ ist. Es folgt $P \cdot h = Q \cdot h'$, somit: $P : Q = h' : h$.

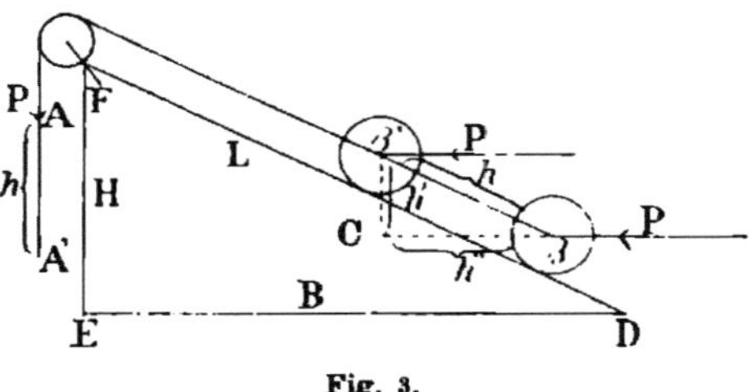

Fig. 3.

Aus der Aehnlichkeit der Dreiecke $\beta\beta'C \backsim DFE$ folgt, wenn man die Breite, Länge, Höhe der schiefen Ebene mit B, L, H bezeichnet:

$h' : h = H : L$, folglich ist: $P : Q = H : L$; das heisst: die Kraft ist derselbe Bruchtheil der Last, als die Höhe von der Länge der schiefen Ebene.

Lässt man die Kraft parallel der Breite DE wirken, so stimmt die Verschiebung ihres Angriffspunktes, wie leicht zu sehen, mit der Länge $\beta C = h''$ überein. Es ist somit: $P \cdot h'' = Q \cdot h'$, folglich $P : Q = h' : h''$. Aus der Aehnlichkeit obiger Dreiecke folgt: $h' : h'' = H : B$, und somit ist in diesem Falle:

$$P : Q = H : B.$$

d) (Fig. 4). Man kann diese Vorrichtung als ein System von zwei Rollen mit verschiedenem Radius, r und R, auffassen, welche an derselben Axe befestigt sind. Durch die Drehung der kleineren wird die Last Q gehoben, während am Umfang der grösseren die Kraft P angreift. Bei einer Verschiebung der Last um h wird der Angriffspunkt von P um h' ver-

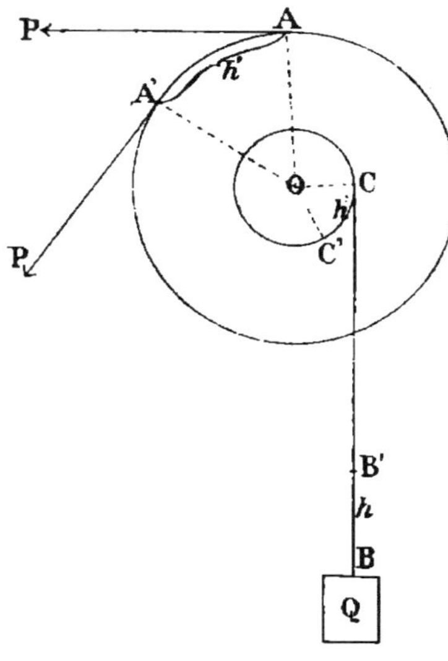

Fig. 4.

schoben, so dass $\sphericalangle COC' = \sphericalangle AOA'$ ist. Dieser ganze Weg kommt für die Arbeitsleistung in Betracht, da die Kraft P bei der Bewegung beständig ihre Richtung ändert und somit der Angriffspunkt stets in ihrer eigenen Richtung verschoben wird. Es folgt die Gleichung:

$P.h' = Q.h$, oder $P:Q = h:h'$. Nun ist $h:h' = r:R$, und somit folgt:

$$P:Q = r:R.$$

Auch bringt man auf dem Umfange des grösseren

Rades häufig Zähne an, welche in die entsprechenden Zähne eines Rades an einer andern Axe eingreifen, an welcher dann wiederum noch ein Rad sitzt.

Schraube. e) Die Schraube: Dieselbe entsteht durch Umwinden einer schiefen Ebene um einen Cylinder. Werden die Windungen erhaben gearbeitet, so nennt man die Schraube eine Schraubenspindel, bei Einschneiden der Windungen auf der Innenseite eines Hohlcylinders eine Schraubenmutter. Gewöhnlich ist die letztere fest und die erstere wird mit der daran befindlichen Last durch die am Kreisumfang angreifende Kraft hinaufgewunden. Demnach wirkt die Kraft hierbei parallel

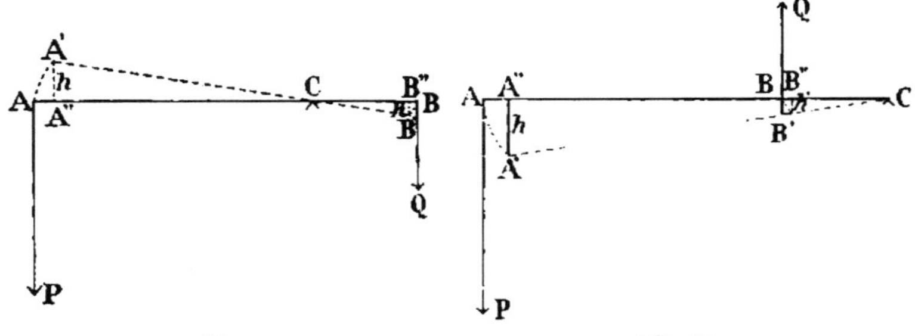

Fig. 5.   Fig. 5a.

der Basis der schiefen Ebene. Auch vergrössert man gewöhlich den Umfang am Kopfe der Spindel, so dass die Kraft wie bei einer Welle wirkt.

Hebel. f) Der Hebel: Beim zweiarmigen (Fig. 5) wirken die Kräfte in derselben Richtung an verschiedenen Seiten des Drehpunktes, beim einarmigen (Fig. 5a) in verschiedener Richtung an derselben Seite des Drehpunktes. Als Gleichgewichtsbedingung folgt wieder für beide Fälle:

$$Ph = Qh' \text{ oder } P : Q = h' : h.$$

Aus der Aehnlichkeit der Dreiecke $CA'A'' \backsim CB'B''$ folgt:

$h' : h = CB' : CA'.$ Diese letzteren Strecken stimmen mit

den Entfernungen der Angriffspunkte der Kräfte vom Drehpunkt, welche man mit l und l' bezeichnet, überein, folglich ist: $P : Q = l' : l$ oder $P \cdot l = Q \cdot l'$.

Die Entfernung l stellt auch die Entfernung des Drehpunktes von der Kraftrichtung dar; diese bezeichnet man als **Kraftarm**, ihr Product mit der Kraft als **statisches Moment** derselben. Mit Hilfe dieser Bezeichnung kann die Gleichgewichtsbedingung am Hebel auch so ausgesprochen werden, dass die statischen Momente für die Drehungen in den beiden entgegengesetzten Richtungen gleich sein müssen.

Man sieht leicht, dass die Bedingung dieselbe bleibt, wenn auch beliebig viele Kräfte an dem Hebel angreifen.

23. Wird bei dem Hebel auch das eigene Gewicht in Anschlag gebracht, also die Resultante aller Schwerkräfte, welche im Schwerpunkt angreift, so ist sofort ersichtlich, dass bei obiger Bedingung neutrales Gleichgewicht nur dann herrscht, wenn der Schwerpunkt mit dem Drehpunkte zusammenfällt; denn nur dann wird der Angriffspunkt dieser Kraft bei einer kleinen Verschiebung nicht verschoben. Befindet sich dagegen der Schwerpunkt über dem Drehpunkte, so ist das Gleichgewicht offenbar labil, während es stabil ist, wenn der Schwerpunkt unterhalb des Drehpunktes liegt.

Da die Schwere der Massen ihnen selbst proportional ist, so wird die Vergleichung der Schwere zweier Massen zu ihrer Massenvergleichung benutzt, indem man sie an den beiden Enden eines gleicharmigen Hebels wirken lässt. Sind die Massen m und m', die Kräfte also mg und $m'g$, so lautet die Gleichgewichtsbedingung, da $l = l'$ ist, $mgl = m'gl$, folglich $m = m'$. Einen solchen gleicharmigen Hebel, an dessen Enden Schalen zur Aufnahme der Massen hängen, und dessen Schwerpunkt zur Erreichung der Stabilität sich unter dem Drehpunkt befindet, heisst eine **Wage**.

Wird auf die eine Seite der Wage ein Uebergewicht gebracht, so schlägt die Wage aus, und zwar so lange, bis das Moment dieses Uebergewichtes durch das Moment des

eigenen Gewichtes der Wage aequilibrirt wird. Je grösser der
Ausschlag für dasselbe kleine Uebergewicht ist, um so em-
pfindlicher ist die Wage.; die Empfindlichkeit der Wage wird
daher durch die Länge des Wagebalkens gesteigert, weil dadurch das Moment des Uebergewichtes vermehrt wird; ebenso
durch die Leichtigkeit der Wage selbst und die Nähe ihres
Schwerpunktes unter dem Drehpunkte, da durch diese Um-
stände das Moment des Eigengewichts der Wage vermindert wird.

Auch ungleicharmige Hebel werden in verschiedenen
Formen als Wagen benutzt.

Kreisbewe-
gung.

24. Von besonderer Wichtigkeit ist auch die Kreisbewegung von Massen. Da bei einer solchen die Bewegungsrichtung sich fortwährend ändert, so ist klar, dass auf den
bewegten Körper beständig eine Kraft wirken muss; die
Grösse und Richtung derselben lassen sich leicht angeben.

Betrachten wir nämlich die Bewegung nur während einer
sehr kleinen Zeit τ, so kann die
Kreisbewegung in dieser Zeit
als gradlinig aufgefasst werden.
In dieser Zeit bewege sich nun
die Masse von A nach B (Fig. 6).
Ohne die richtungsändernde
Kraft würde die Masse in einer
weiteren Zeit τ von B nach C
gelangen; da sie aber von B
nach D kommt, so erhält man
die Wirkung jener Kraft allein,
wenn man BD als Diagonale

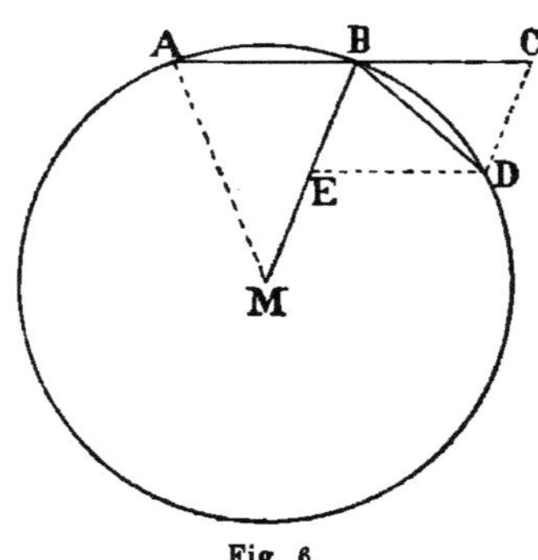

Fig. 6.

eines Parallelogrammes darstellt, dessen eine Seite BC ist;
daher muss sie durch die CD gleiche und parallele Strecke
BE gegeben sein.

Die Richtung dieser Kraft ist, wie aus der Figur erhellt, in jedem Punkte die nach dem Mittelpunkt. Was ihre
Grösse betrifft, so stellt also $BE = w$ den Weg dar, durch
welchen sie τ Secunden wirkend den Massenpunkt treibt;

folglich ist die Geschwindigkeit, welche sie in dieser Zeit erzeugt, w/τ.[1]) Ihre Grösse ist daher, wenn man die bewegte Masse mit m bezeichnet, durch den Ausdruck gegeben:

$$\frac{m \cdot w/\tau}{\tau}.$$

Nun ist $\triangle BED \backsim \triangle AMB$, mithin $BE : BD = AB : AM$. Bezeichnet man die Geschwindigkeit der Kreisbewegung mit v, so sind die Wege AB und BD gleich $v\tau$. BE war mit w, AM werde als Radius mit r bezeichnet. Dann lautet obige Proportion $w : v\tau = v\tau : r$; es folgt: $w = \dfrac{v^2 \cdot \tau^2}{r}$, $\dfrac{w}{\tau} = \dfrac{v^2\tau}{r}$. Setzt man diesen Werth in den für die Kraft ermittelten Ausdruck ein, so ergiebt sich als Werth derselben:

$$\frac{m \cdot v^2}{r}.$$

Also muss auf einen Körper, welcher sich mit gleichförmiger Geschwindigkeit im Kreise bewegen soll, beständig eine nach dem Mittelpunkte gerichtete Kraft wirken, deren Grösse der Masse und dem Quadrat der Geschwindigkeit direkt, dem Radius umgekehrt proportional ist.

Man nennt diese Kraft Centralkraft oder Centripetalkraft. Nach dem Prinzipe der Gleichheit von Wirkung und Gegenwirkung wird eine ihr gleiche, aber entgegengesetzte, Centrifugalkraft genannt, auf den Mittelpunkt des Kreises ausgeübt. Auf der rotirenden Erde fällt sie zum Theil, am Aequator ganz in die Richtung der Schwerkraft, welche dadurch etwas vermindert wird.

25. Einen sehr einfachen Fall der Kreisbewegung erhält man, wenn man einen schweren, an einem Faden auf-

Pendel.

---

[1]) Allerdings ist diese Darstellung nicht völlig korrekt; sie setzt voraus, dass in jedem Punkte der Bahn die genannte Kraft stossweise oder nur einen Moment wirkt, was vielleicht als plausibel erscheint, wenn man bedenkt, dass der Körper an jedem Punkte der Bahn sich nur einen Moment befindet.

gehängten Körper anhebt; dieser kehrt dann infolge seiner
Schwere in die Gleichgewichtslage zurück, wobei er durch
den Faden gezwungen wird, sich auf einem Kreisbogen zu
bewegen. Zufolge der erlangten Geschwindigkeit geht der
Körper über die Gleichgewichtslage hinaus und pendelt um
dieselbe hin und her. Man nennt eine solche Vorrichtung
ein Pendel. Die Kraft, welche das Pendel in Bewegung setzt,
ist die Schwere. Von derselben
kommt jedoch nur ein Theil zur
Wirkung, während der andere
die Spannung des Fadens bewirkt
und dadurch den Zug am Auf-
hängepunkte bewirkt, welcher mit
dem Quadrate der Geschwindigkeit wächst. Ist die Schwere mg
durch die Linie AC dargestellt
(Fig. 7), so ist die wirksame
Componente $mx = AD$. Wir bezeichnen die Pendellänge MA mit l,
die Linie AF mit e. Da $\triangle ADC$
$\backsim \triangle MAF$ ist, so folgt: $mx : mg$
$= e : l$, folglich $mx = \dfrac{l}{mg}\, e$. Es

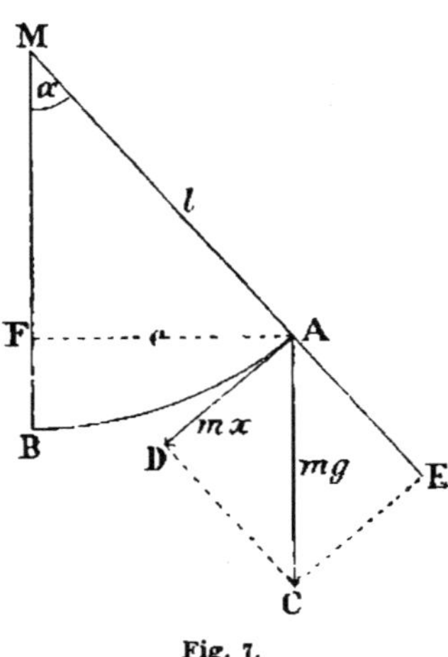

Fig. 7.

ist also die bewegende Kraft der Entfernung e proportional.
Ist der Winkel $BMA = \alpha$ nur klein, so ist der Unterschied
von $\overline{AF}$ und $\overset{\frown}{AB}$ nur gering; daher kann man dann die Kraft
proportional der Entfernung der Masse aus der Gleichgewichts-
lage setzen.

Die Schwingungszeit des Pendels ist schwieriger abzu-
leiten; es genüge die Bemerkung, dass sie für kleine Aus-
schlagswinkel von denselben unabhängig ist. Da die Bewegung
unter dem Einfluss der Schwere erfolgt, so ist die Schwingungszeit auch von der Substanz unabhängig, wohl aber abhängig
von der Beschleunigung durch die Schwere g, so dass ihre
genaue Beobachtung ein vorzügliches Mittel zur Bestimmung
von g ist.

26. Das Kraftgesetz, welches die Pendelbewegung be- Elasticität.
herrscht, spielt in der Natur eine sehr wichtige Rolle, da es
auch alle diejenigen Bewegungen beherrscht, welche zufolge
der sogenannten elastischen Kräfte vor sich gehen.

Alle Körper haben die Eigenschaft, unter dem Einfluss
äusserer Kräfte eine andere Form anzunehmen, und wenn die
Kraftwirkung nachlässt, in den früheren Zustand zurückzu-
kehren, das letztere allerdings nur, wenn die Kräfte und die
durch sie bedingten Formänderungen eine gewisse Grenze
nicht überschreiten. Diese Eigenschaft nennt man Elasticität, die erwähnte Grenze Elasticitätsgrenze.

Nach der Art der wirkenden Kräfte unterscheidet man
Zug-Elasticität, Druck-Elasticität, Biegungs-Elasticität, Tor-
sions- oder Drehungs-Elasticität. Für sämmtliche Arten gilt
das Gesetz, dass der Betrag der Deformation, also die Verlängerung, Verkürzung, Biegung, Torsion direkt proportional
ist der wirkenden Kraft. Nun wird die neue Gestalt und
Gleichgewichtslage dadurch bestimmt, dass Kräfte auftreten
müssen, welche den äusserlich wirkenden das Gleichgewicht
halten, ihnen also entgegengesetzt gleich sind. Wir können
uns diesen Vorgang auf Grund der Molecularhypothese und
des Energieprincips nur so vorstellen, dass die einzelnen Theilchen aus ihrer Gleichgewichtslage kommen, und dass dabei
ihre potentielle Energie gegeneinander in Summa um den bei
der Deformation aufgewendeten Betrag an äusserer Arbeit
vermehrt wird. Wird also beispielsweise ein Kupferdraht
durch eine angehängte Masse m um die Strecke l gedehnt,
so hat die Schwere dabei die Arbeit $mg \cdot l$ geleistet, und um
diesen Betrag muss die potentielle Energie der Kupfertheilchen
gegen einander gewachsen sein. Die auftretende elastische Kraft
ist daher, ebenso wie die äussere, genau proportional der Verschiebung, also der Entfernung der Theilchen aus der Gleichgewichtslage. Hört die äussere Kraft zu wirken auf, wird etwa in obigem
Beispiele die Masse fortgenommen, so kehren zufolge der
elastischen Kraft die Theilchen in ihre frühere Gleichgewichtslage zurück; dabei muss sich der Verlust an potentieller

Energie, welchen sie erleiden, in kinetische Energie umsetzen, zufolge deren sie über die Gleichgewichtslage hinausgehen, und nun genau nach den Pendelgesetzen um dieselbe schwingen.

Der Stoss.   27. Eine Folge der elastischen Kräfte sind zum Theil auch die Erscheinungen des Stosses. Stossen zwei Körper auf einander, so wird eine Deformation hervorgebracht, die Theile werden einander genähert. Ist diese Formänderung dauernd, so nennt man den Stoss unelastisch; die Massen bewegen sich alsdann mit gemeinsamer Geschwindigkeit weiter. Ist sie jedoch innerhalb der Elasticitätsgrenze geblieben, so setzt sich die vermehrte potentielle Energie wieder in actuelle um, die Körper nehmen die alte Form wieder an, indem die stossenden Massen dieselbe Einwirkung noch einmal in umgekehrter Folge erhalten.

Im ersten Fall ist eine dauernde Vermehrung der potentiellen Energie der Theile erzeugt, und daher ist den Massen ein entsprechender Betrag an kinetischer Energie verloren gegangen. In dem einfachen Falle des Stosses zweier Kugeln tritt dies deutlich hervor. Die Bewegungsgrösse der stossenden Massen bleibt dabei nämlich dieselbe, so dass die schliessliche Geschwindigkeit leicht aus der Gleichung berechnet wird: $(m + m_1) x = mv + m_1 v_1$. Wie man sich leicht überzeugt, ist dann $\frac{1}{2}(m + m_1) x^2$ kleiner als $\frac{1}{2} mv^2 + \frac{1}{2} m_1 v_1^2$.

Beim elastischen Stosse dagegen geht die durch den Stoss vermehrte potentielle Energie alsbald wieder verloren, und in der That zeigt die Beobachtung der schliesslichen Geschwindigkeiten der beiden stossenden Körper, dass die Summe ihrer kinetischen Energie dieselbe geblieben ist. Besonders einfach gestaltet sich die Sache, wenn zwei gleiche Kugeln elastisch zusammenstossen; diese tauschen einfach ihre Geschwindigkeiten aus.

B. Gesetze der flüssigen Körper.

Druck der
Flüssigkeiten.   28. Die flüssigen Körper zeigen den fundamentalen Unterschied gegen feste Körper, dass ein auf irgend eine Stelle ausgeübter Druck sich nach allen Richtungen, nicht

nur in der Druckrichtung fortpflanzt. Sehr deutlich tritt diese Thatsache hervor, wenn man an irgend einer Stelle eines mit Flüssigkeit gefüllten Gefässes eine Oeffnung anbringt; sofort strömt die Flüssigkeit aus, selbst in der Richtung senkrecht gegen die Schwere, wo also von irgend einer Componente derselben, welche die Bewegung etwa veranlasse, keine Rede sein kann; sogar direkt der Schwere entgegengesetzt kann dieses Ausströmen stattfinden. Man muss daher stets, wenn man von dem Drucke einer Flüssigkeit oder dem Drucke auf eine Flüssigkeit spricht, hinzufügen, auf welche Fläche derselbe ausgeübt wird. Ohne besondere Bemerkung bezieht er sich stets auf die Flächeneinheit, und ein solcher auf die Flächeneinheit bezogener Druck wird **hydrostatischer Druck** genannt.

29. Steht eine Flüssigkeit nur unter ihrem eigenen Drucke, so stellt sich ihre Oberfläche horizontal ein; denn der Druck, welchen die etwa höher gelegenen Massen auf die darunter befindlichen zufolge ihrer Schwere ausüben, bewirkt durch seine allseitige Fortpflanzung eine Hebung der tiefer gelegenen Oberflächen, bis die ganze Oberfläche gleich hoch steht.

Eine weitere Folge der allseitigen Druckfortpflanzung ist, dass derselbe stets nur von der gedrückten Fläche und der Höhe der darüber befindlichen Flüssigkeit, niemals von der Menge derselben abhängt. Man kann sich das auf folgende Weise klar machen:

Es stelle Fig. 8 den Durchschnitt eines mit Flüssigkeit gefüllten Gefässes dar, und zwar sei AB eine Flächeneinheit. Der Druck, welcher auf diese Fläche ausgeübt wird, ist offenbar gleich dem Gewicht der darüber stehenden cylinderförmigen Flüssigkeitssäule. Da sich dieser Druck allseitig fortpflanzt, steht jede Flächeneinheit

Druck und
Druckhöhe.

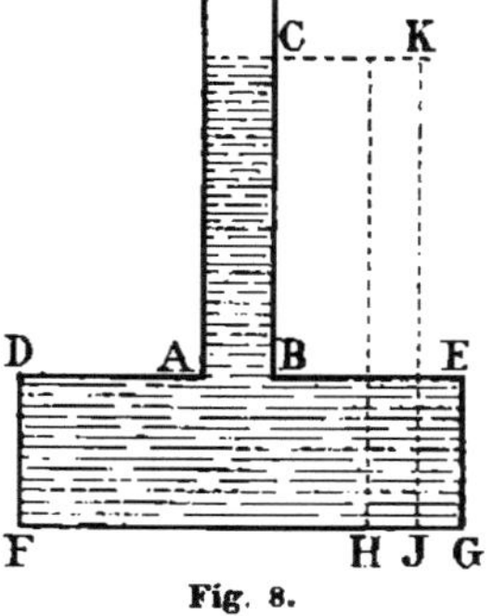

Fig. 8.

der oberen Wand DE unter dem gleichen, aber nach oben
gerichteten Drucke, wovon man sich leicht überzeugt, wenn
man eine Oeffnung in dieselbe macht; sofort springt die Flüssigkeit nach oben heraus. Ebenso steht jede Flächeneinheit des
Bodens FG unter demselben Drucke; doch kommt hier noch
der Druck der direkt darüber stehenden Flüssigkeit hinzu, so
dass beispielsweise die Flächeneinheit HJ ebenso gedrückt wird,
als wenn sich direkt darüber Flüssigkeit bis zur Niveauhöhe CK
befände. Dasselbe gilt auch für jedes Flächenstück der Seiten-
wände, so dass ganz allgemein der Satz gilt: **Jedes Flächenstück wird so gedrückt, als ob auf demselben ein
Flüssigkeitscylinder bis zur Höhe des Flüssigkeits-
niveaus lastete.**

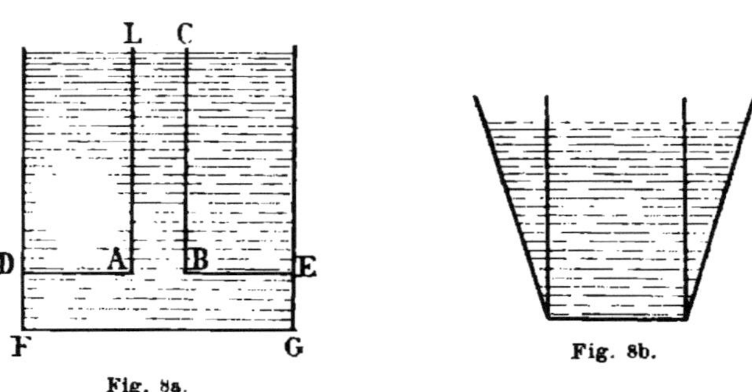

Fig. 8a.   Fig. 8b.

Vielleicht dient auch folgende Ueberlegung zur Verdeutlichung des Satzes:

Für den Druck auf den Boden FG des in Fig. 8a dar-
gestellten Gefässes gilt der Satz offenbar. Theilt man nun
das Gefäss durch die angedeuteten ideellen Wände DA, AL,
BC, BE in mehrere Abtheilungen, so wird an dem Zustand
nichts geändert, da jeder Theil der Wände beiderseitig gleich
gedrückt wird. Lässt man nun die Wände starr werden und
schöpft die Flüssigkeit über den Wänden DA und BE heraus,
so nimmt man zwar den Druck auf DA von oben nach unten
fort, nicht aber den von unten nach oben gerichteten. Wie

man sieht, hat man dann den Fall von Fig. 8. Auch Fig. 8b wird hiernach verständlich sein.

30. Es folgt weiter, dass auch in beliebig gestalteten Gefässen, wenn sie in Verbindung mit einander stehen, die Flüssigkeit gleich hoch steht. Denn auf irgend ein Flächenstück, etwa *AB* der Fig. 9, wird nur dann von beiden Seiten her der gleiche Druck ausgeübt, wenn die Druckhöhe beiderseitig die gleiche ist. Man nennt diesen Satz das **Princip der communicirenden Röhren.** Hierbei ist es gleichgiltig, ob das zweite Gefäss auch thatsächlich so hoch reicht, um die genügende Wassersäule zu fassen. Ist dies nicht der Fall, so steigt das Wasser eben in den Luftraum bis zu der entsprechenden Höhe empor, von wo es dann allerdings seit-

Communicirende Röhren.

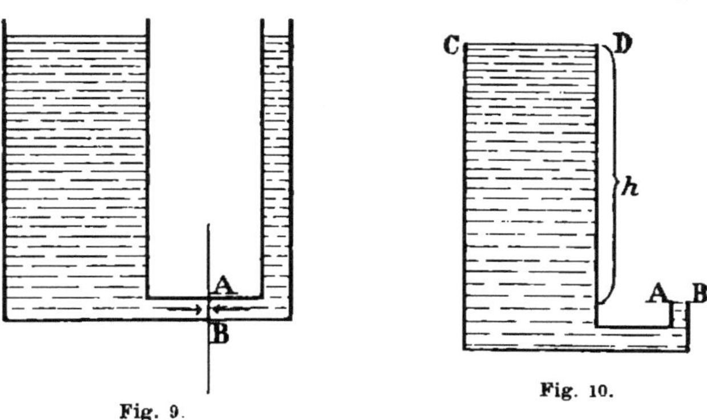

Fig. 9.

Fig. 10.

lich zurückfällt, da die umfassenden Wände fehlen. Man kann sich hiervon leicht überzeugen, indem man in ein Gefäss, dessen Form durch Fig. 10 angedeutet ist, Flüssigkeit einfüllt; bringt man dann in der Deckwand *AB* eine Oeffnung an, so springt die Flüssigkeit bis zur Niveauhöhe *CD* empor. Hieraus ergibt sich ein interessanter Satz für die Geschwindigkeit der hervordringenden Theilchen. Dieselbe reicht ja gerade aus, die Theilchen bis zum Niveau *CD* emporzuschleudern, und muss daher genau so gross sein, als ob die Theilchen durch diese Niveauhöhe, *CD* bis *AB*, unter Einfluss der Schwere gefallen wären, also $\sqrt{2gh}$ (cfr. § 20). Dieser

Ausflussgeschwindigkeit.

Satz, das Torricelli'sche Theorem, gilt in gleicher Weise für den Ausfluss in seitlicher Richtung und den nach unten gerichteten Ausfluss.

Gewichtsverlust in einer Flüssigkeit. 31. Eine weitere Folge der allseitigen Druckfortpflanzung ist der Umstand, dass jede Masse in einer Flüssigkeit leichter ist, als im leeren Raume. Es kommt nämlich zu dem Gewicht der Masse noch die Druckwirkung der Flüssigkeit hinzu. Der Druck, welcher von den Seiten her ausgeübt wird, kann nur ein Zusammenpressen und, wenn er gross genug ist, Zerdrücken des Körpers bewirken, was daher in grossen Tiefen zuweilen auch vorkommt. Der von oben nach unten gerichtete Druck auf die Oberfläche des Körpers vermehrt dessen Gewicht, der von unten nach oben gerichtete auf die untere Grundfläche vermindert dasselbe. Diese Verminderung ist stets grösser, als jene Vermehrung, weil die untere Fläche sich stets in weiterer Tiefe befindet, als die obere.

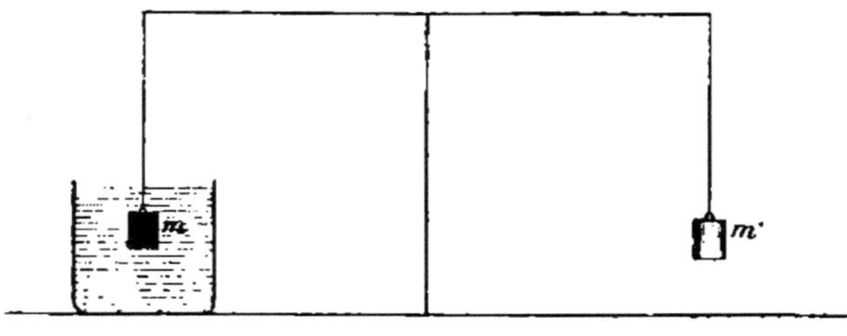

Fig. 11.

Um den Betrag dieser Gewichtsverminderung zu bestimmen, kann folgende Ueberlegung dienen: Es befinde sich eine Masse m in einer Flüssigkeit, und sie sei in der durch Fig. 11 angedeuteten Weise in neutralem Gleichgewicht durch eine andere Masse m' gehalten. Macht man nun eine kleine Verschiebung mit dem System, etwa so, dass man m' um h hebt und m um ebenso viel senkt, so ist der Betrag der Arbeitsleistung der Schwere mgh, der gegen die Schwere aufgewendeten $m'gh$. Ausserdem ist aber noch bei der Senkung von m eine entsprechende Flüssigkeitsmenge von ihrem Platze verdrängt und nach dem Raume gebracht worden, welchen vorher m inne hatte. Nennen wir die der Masse m volumengleiche Flüssigkeitsmasse w, so ist diese also um h gehoben, und somit gegen die Schwere noch die Arbeit wgh geleistet. Zufolge der Bedingung des neutralen Gleichgewichts (cfr. § 21) besteht dann die Gleichung: $m'gh + wgh = mgh$, woraus folgt: $m' = m - w$. Das heisst: Der in der Flüssigkeit befindlichen Masse m wird das Gleichgewicht gehalten durch eine um die Masse des gleichen Flüssigkeitsvolumen verminderte Masse, oder mit anderen Worten, da ja auch $m'g = mg - wg$ ist: Jede Masse verliert in einer Flüssigkeit so viel von ihrem Gewicht, als das Gewicht des gleichen Volums der Flüssigkeit beträgt. Dieser Satz wird das Archimedes'sche Princip genannt.

32. Wenn ein Körper weniger wiegt, als das gleiche Volum einer Flüssigkeit, so würde er mehr an Gewicht verlieren, als er überhaupt besitzt; er bekommt dann negatives Gewicht, d. h. man muss Arbeit aufwenden, um ihn in der Flüssigkeit zu senken, während er unter dem Einfluss der Schwere nach oben steigt; ein solcher Körper sinkt also nicht ganz in die Flüssigkeit ein, sondern schwimmt auf ihr, und zwar taucht er so tief ein, bis der nach oben gerichtete Druck, also das Gewicht des verdrängten Flüssigkeitvolums, dem Gewichte des Körpers gleich wird.

Wenn man die Gewichte gleicher Volumina verschiedener Körper vergleicht, so spricht man von ihrer specifischen Schwere oder Leichtigkeit. Um diese zahlenmässig bestimmt zu erhalten, bezieht man sie auf eine bestimmte Substanz, Wasser von 4° C. bei festen und flüssigen Körpern, Wasserstoff oder Luft bei Gasen, und definirt: Specifisches Gewicht ist das Verhältniss des Gewichtes eines Körpers zu dem Gewicht desselben Volumens Wasser von 4° C. (oder Luft oder Wasserstoff bei Gasen). Da die Gewichte proportional den Massen sind (cfr. § 19), kann man statt des Gewichtsverhältnisses auch das Massenverhältniss in die Definition aufnehmen.

Nach dem Vorausgehenden ist klar, dass specifisch leichtere Körper stets in specifisch schwereren Flüssigkeiten aufsteigen und schwimmen, während specifisch schwerere Körper in den specifisch leichteren Flüssigkeiten untersinken.

Bei verschiedenen Methoden zur Bestimmung des specifischen Gewichtes, welches eine sehr wichtige, weil für das physikalische Verhalten der Körper ausserordentlich charakteristische Constante ist, kommt es darauf an, nächst dem Gewicht der Substanz ihren Gewichtsverlust im Wasser zu bestimmen, weil dieser das Gewicht des gleichen Wasservolums darstellt.

Dichte. 33. Nimmt ein und dieselbe Masse unter verschiedenen Verhältnissen verschiedene Volumina ein, wie z. B. 1 Kilo Quecksilber von 0° und 100° C., so müssen die Theilchen in dem einen Zustande näher aneinander gedrängt sein, als in dem andern; es ist daher gerechtfertigt, die Substanz in dem einen Falle dichter zu nennen, als in dem andern.

Haben wir gleiche Massen von verschiedenen Substanzen, welche auch verschiedenes specifisches Gewicht haben, z. B. 1 Kilo Quecksilber und 1 Kilo Wasser, so füllen auch diese verschiedene Volumina, und zwar befindet sich die specifisch schwerere Substanz in dem kleineren Volumen. Man spricht auch in diesem Falle von ihrer grösseren Dichtigkeit oder Dichte. Anschaulich ist dies, wenn man die Hypothese bildet, dass es überhaupt nur einen Grundstoff giebt, dessen Atome in verschiedener Anzahl in die Molecüle der verschiedenen Stoffe eingehen; alsdann würden wirklich in einem Kilo Quecksilber genau so viele Massentheilchen enthalten sein, als in einem Kilo Wasser, aber sie würden näher zusammengedrängt sein. Diese uralte Hypothese hat vor der anderen, dass unsere Elemente wirklich so viele Grundstoffe sind, den Vorzug, dass sie die Welt in grossartiger Einfachheit begreifen lässt. Doch ist die Definition der Dichte nicht an ihre Annahme gebunden. Denn da die Massen den Gewichten proportional sind, so befinden sich thatsächlich gleiche Massen verschiedener Stoffe in ungleichen Räumen. und ungleiche Massen verschiedener Stoffe in gleichen Räumen. Man nimmt nun die Masse, welche sich in der Raumeinheit befindet, zum Maass der Dichte, und definirt daher $d = \dfrac{m}{v}$. Die Einheit der Dichte erhält man, wenn die Einheit der Masse die Raumeinheit anfüllt, wie es beim Wasser der Fall ist. Als Dimension (cfr. § 14) dieser Einheit erhält man, da die der Raumeinheit L^3 ist, $\dfrac{M}{L^3}$.

Zu bemerken ist noch, dass das specifische Gewicht einer Masse, wenn es auf Wasser bezogen wird, mit ihrer Dichte der Zahl nach übereinstimmen muss; doch besteht der Unterschied, dass der Dichte eine bestimmte Dimension zukommt, während das specifische Gewicht eine Verhältnisszahl, also eine unbenannte Zahlengrösse ist.

C. Gesetze der gasförmigen Körper.

34. Die allseitige Fortpflanzung des Druckes kommt den Gasen ebenso zu, wie den Flüssigkeiten; doch unterscheiden sie sich von den letzteren in mancher Hinsicht. Hat man ein vollständig mit Flüssigkeit gefülltes geschlossenes Gefäss, so wird ein an irgend einem Theile in irgend einer Richtung ausgeübter Druck allerdings überall empfunden; unter der Wirkung der Schwere jedoch lastet der Druck der höheren Theile auf den unteren, so dass an den tiefer gelegenen Stellen der Druck grösser ist, als an den höher gelegenen; und an den höchsten ist gar keiner vorhanden, die höchsten Theile der Wandung erleiden in der Richtung nach oben gar keinen Druck, und wenn sie fehlen, steht auch die freie Flüssigkeit horizontal. Anders bei den Gasen. Der Druck zufolge der Schwere ist zwar vorhanden, aber nur sehr gering, da die Masse der Gase, welche in nicht zu grossen Räumen vorhanden ist, nur sehr gering ist, 1 Liter Luft z. B. enthält

unter gewöhnlichen Umständen nur die Masse von 1,293 gr. Dagegen wird von einem abgeschlossenen Gasvolumen auf gleiche Theile der Wandung in senkrechter Richtung zu derselben überall der gleiche Druck, unabhängig von der höheren oder tieferen Lage der Wandung ausgeübt, welcher lediglich von der Dichte des Gases abhängt; nur bei Gasvoluminibus, welche sich durch eine sehr grosse Höhe erstrecken, wie bei der Atmosphäre, bewirkt die Schwere eine vermehrte Dichtigkeit der unteren Theile und einen grösseren Druck derselben. Man erklärt diese Erscheinung durch die Annahme, dass die Gasmolecüle sich in heftiger Bewegung befinden, und ihre kinetische Energie bei weitem die potentielle Energie zufolge der Anziehungskräfte überwiegt; daher haben die Gase keine Cohäsion, sondern die Theile fliegen aus einander, bis ihre vermehrte potentielle Energie gegen einander, sowie die gegen die Erde ihre weitere Entfernung hindert. Eingeschlossen stossen sie in allen Richtungen gegen die Wandungen, und erzeugen so den überall gleichen Druck.

Hieraus ergiebt sich theilweise Uebereinstimmung, theilweise Abweichung von dem Verhalten der Flüssigkeiten.

Der Druck der Luft. 35. Der Druck der Atmosphäre wurde zuerst von Torricelli (1643) gemessen, indem er eine einseitig geschlossene Röhre mit Quecksilber füllte, das andere Ende ebenfalls schloss und unter Quecksilber öffnete; es sank dann das Quecksilber in der Röhre so weit, dass es ungefähr 76 cm über das Niveau des Quecksilbers in dem Gefässe emporragte. Der Druck der Luft ist dann auf jeden Quadratcentimeter gleich dem einer Quecksilbersäule von 76 cm Höhe, also, da das specifische Gewicht des Quecksilbers 13,59 ist, gleich dem Druck von 76 . 13,59 gr = 1,033 Kilo.

Ein derartiges Instrument, durch welches es möglich ist, den Luftdruck zu messen, heisst ein Barometer. Der Luftdruck schwankt an jedem Orte etwas; in bedeutenden Höhen ist er erheblich niedriger, als im Thale. Die Abhängigkeit des Luftdrucks von der Höhe ist zwar keine sehr einfache; doch ist es möglich, aus dem Barometerstande die Erhebung über das Meeresniveau innerhalb gewisser Grenzen anzugeben (barometrische Höhenmessung).

36. Sperrt man in der Fig. 12 angedeuteten Weise eine Gasmenge durch Quecksilber ab, so dass das Quecksilber in beiden Schenkeln im gleichen Niveau a steht, und giesst man dann Quecksilber nach, so drückt man die Gasmenge auf ein kleineres Volumen zusammen. Hat man es auf die Hälfte comprimirt, so dass das Quecksilber im geschlossenen Schenkel bis zum Niveau b steht, so steht es im offenen im Niveau c, 76 cm über b. Das Gas steht dann also unter dem Drucke der Atmosphäre und noch dem einer Quecksilbersäule vom selben Drucke, also unter dem Drucke von 2 Atmosphären. Ist das Gas bis auf den dritten Theil seines Volumens comprimirt, so steht es unter dem Drucke von 3 Atmosphären etc. Ganz allgemein gilt das Gesetz:

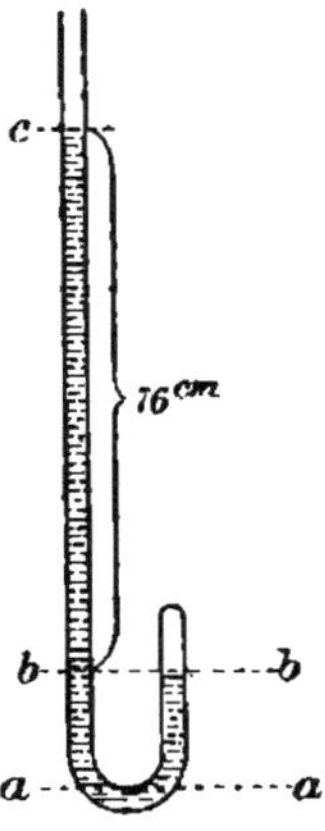

Fig. 12.

Mariotte-Boyle'sches Gesetz.

Die Volumina derselben Gasmenge stehen im umgekehrten Verhältniss ihrer Drucke.

Da die Volumina derselben Gasmenge sich auch umgekehrt, wie ihre Dichten verhalten, kann man auch sagen:

Die Dichtigkeiten zweier Gasmengen stehen im direkten Verhältniss ihrer Drucke.

Dieses Gesetz, das Mariotte'sche oder Boyle'sche genannt, ist kein allgemein gültiges Naturgesetz, sondern es zeigen sich bei hohen Drucken, welche indess bei verschiedenen Gasen sehr verschieden sind, Abweichungen davon, und bei weiteren Drucksteigerungen gehen die Gase in den flüssigen Zustand über; allerdings spielt dabei auch die Temperatur eine wichtige Rolle (cfr. § 85).

37. Eine Folge der Eigenschaft, den Druck allseitig fortzupflanzen, ist, dass das Archimedes'sche Princip (cfr. § 31) für Gase so gut, wie für Flüssigkeiten gilt, was ja auch jeder in die Luft aufsteigende Ballon beweist. Ein weiterer ex-

perimenteller Nachweis kann so geführt werden, dass man eine grössere Glas- und eine kleinere Bleikugel, welche sich an einem drehbaren Stabe das Gleichgewicht halten, in einen luftverdünnten Raum bringt. Die grössere Kugel erlangt hier das Uebergewicht, weil sie in der Luft mehr Gewicht verloren hatte, also jetzt auch mehr zurückerhält.

Die vollkommensten Luftpumpen, d. i. Apparate zur Herstellung eines luftverdünnten Raumes, beruhen darauf, dass man den auszupumpenden Raum (in der Fig. 13 mit E verbunden) abwechselnd mit einem andern, B, verbindet, welchen man durch Heben des Quecksilbergefässes G — F bedeutet einen Schlauch — mit Quecksilber füllt, wenn er durch D mit der Atmosphäre verbunden ist, und durch Senken leert, sobald er mit E verbunden ist.

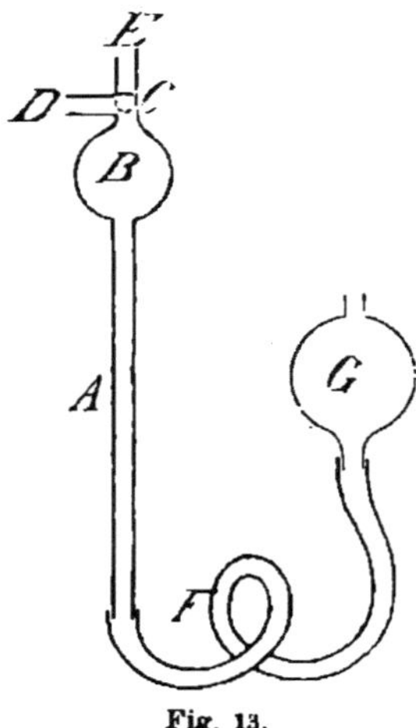

Fig. 13.

Luftpumpe.

Ausfluss von Gasen.

38. Das Ausströmen von Gasen erfolgt in der der Schwere entgegengesetzten Richtung ebenso, wie in der Schwererichtung; das Gas strömt, so wie es in Verbindung mit einem Raume ist, in welchem es in weniger dichtem Zustande enthalten ist, in diesen hinein, da das dichtere Gas stets einen Ueberdruck hervorbringt. Für die Geschwindigkeit des Ausfliessens gilt allerdings eine ähnliche Formel, wie bei den Flüssigkeiten, nämlich $v = \sqrt{2\,gh}$; aber hier bedeutet h die Höhe einer Gassäule von derselben Dichte, wie sie das ausströmende Gas besitzt, welche durch ihre Schwere den Druck hervorbringen würden, zufolge dessen das Ausströmen erfolgt. — Bezeichnet man bei einem anderen Gase die entsprechenden Grössen mit gestrichenen Buchstaben, so folgt: $v : v' = \sqrt{h} : \sqrt{h'}$. Offenbar verhalten sich diese Höhen umgekehrt wie die Dichten und specifischen Gewichte der

Gase (das doppelt so dichte Gas füllt natürlich nur den halben Raum), so dass das Gesetz folgt:

Die Ausflussgeschwindigkeiten zweier Gase verhalten sich umgekehrt, wie die Quadratwurzeln aus ihren specifischen Gewichten. (Graham'sches Gesetz.)

39. Während eine Cohäsion der Gase nicht vorhanden ist, zeigt sich starke Adhäsion, also starke Anziehung ihrer kleinsten Theilchen zu denen anderer Körper. Von Flüssigkeiten werden viele Gase ausserordentlich stark absorbirt; ebenso haften an den Grenzflächen fester Körper stets Gasschichten an, welche ganz beträchtliche Mengen erreichen können, z. B. Wasserstoff an Platin. Bewegt sich ein fester Körper in einem Gase, so bewegt sich die anhaftende Schicht mit, und diese bewirkt wieder ein, wenn auch langsameres Folgen der nächstgelegenen Schichten, so dass die Reibung von festen Körpern in Gasen als gegenseitige Reibung von Gasschichten aufzufassen ist, also wesentlich verschieden von der Reibung fester Körper auf einander, wobei erhabene und vertiefte Unebenheiten in einander greifen und die Bewegung hindern.

Auch bei Flüssigkeiten ist die Adhäsion der Theile zu manchen festen Körpern grösser, als die Cohäsion der Theile zu einander; in solchem Falle netzt die Flüssigkeit den festen Körper, wie Wasser Glas. In einer sehr engen Röhre, Capillarröhre, steigt dann die Flüssigkeit, der Schwere entgegen, auf und bildet eine concave Oberfläche; dagegen sinkt sie und bildet eine convexe Oberfläche, wenn die Cohäsion der Flüssigkeitstheilchen die grössere ist, wie z. B. beim Quecksilber.

40. Eine Folge der molecularen Bewegungen und Kräfte ist auch die sogenannte Diffusion der Gase. Zwei Gase, welche sich in getrennten Räumen befinden, mischen sich stets nach Aufhebung der trennenden Wand so vollständig, dass jedes in dem ganzen Raume gleichmässig verbreitet ist. Allerdings hängt die Geschwindigkeit dieses Vorganges von verschiedenen Umständen ab. Auch durch poröse Scheide-

wände findet die Diffusion statt, selbst wenn die Poren so klein sind, dass sie sogar mikroskopisch nicht wahrnehmbar sind.

Ein analoges Verhalten zeigen viele Flüssigkeiten. Einige schichten sich zwar, wenn man sie auch noch so viel umrührt, nach ihrem specifischen Gewicht, z. B. Wasser und Oel; andere dagegen, welche mischbar sind, diffundiren auch, wenn man sie vorsichtig so zusammengegossen hat, dass die leichtere über der schwereren geschichtet ist. Auch hier geht die Diffusion durch poröse Scheidewände vor sich. Dabei stellt sich das hydrostatische Gleichgewicht nicht her, sondern in dem einen Gefässe steigt die Flüssigkeit, der Schwerkraft entgegen, und übt so einen Ueberdruck aus.

Osmose.

Dieser Vorgang, welchem eine ausserordentlich wichtige Rolle im pflanzlichen und thierischen Organismus zukommt, wird Osmose genannt.

Da ähnliche Erscheinungen auch auf ähnlichen Ursachen beruhen, so kann die Constitution der Flüssigkeiten und Gase nicht so verschieden sein, als es auf den ersten Anblick wohl scheint.

D. Wellenbewegung.

Charakterisirung der Bewegung.

41. Wenn in irgend einem Medium dadurch eine Störung des Gleichgewichts veranlasst wird, dass ein Theilchen aus seiner Lage gebracht wird, so pflanzt sich die Bewegung, in welche es zufolge der auftretenden Kräfte versetzt wird, auf die benachbarten Theile nach allen Seiten fort. Wenn diese Bewegung allseitig mit gleicher Geschwindigkeit fortgepflanzt wird, so breitet sich die in der Bewegung vorhandene Energie auf immer grössere Kugelflächen aus. Da dieselben sich wie die Quadrate ihrer Radien verhalten, so kommen auf gleiche Flächentheile nur Energiemengen, welche im umgekehrten Verhältnisse der Radienquadrate stehen.

Wir betrachten nur solche Bewegungen, bei welchen die

einzelnen Theilchen durch Kräfte nach der Gleichgewichtslage zurückgeführt werden, welche der Entfernung aus derselben proportional sind, so dass die einzelnen Theile Pendelschwingungen um die Gleichgewichtslage ausführen.

Die Bewegung eines Theilchens ist dabei in jedem Momente vollständig charakterisirt durch die Entfernung aus der
Gleichgewichtslage oder die Elongation, die Geschwindigkeit
und Richtung der Bewegung. Stimmen diese Elemente bei zwei
Theilen überein, so sagt man, sie befinden sich in derselben
Phase; nachdem die Zeit einer vollen Schwingung verflossen
ist, nach einer vollen Schwingungsdauer, ist die Phase wieder
dieselbe geworden, nach einer halben Schwingungsdauer die
entgegengesetzte.

Die Gesammtheit aller Theilchen, welche sich in gleicher
Phase befinden, bilden eine Wellenfläche; dieselbe ist bei
allseitig gleich schneller Fortpflanzung eine Kugel. Die Verbindungslinie des Störungsmittelpunktes mit einem Punkte der
Wellenfläche wird ein Strahl genannt. Die Entfernung
zweier Punkte auf einem Strahle, welche sich in gleicher
Schwingungsphase befinden, heisst eine Wellenlänge. Bezeichnet man die Anzahl der in einer Secunde vollführten
Schwingungen mit N, die Zeit einer Sckwingung mit T, so
ist $N = \dfrac{1}{T}$.

Offenbar pflanzt sich die Bewegung während der Dauer
einer Schwingung, T, um eine Wellenlänge, λ, fort; daher
besteht, wenn v die Fortpflanzungsgeschwindigkeit bedeutet,
die Beziehung (cfr. § 8) : $v = \dfrac{\lambda}{T} = \lambda \,.\, N$.

42. Die mathematische Beschreibung der geschilderten Huyghens'sches
Princip.
Bewegungsart ist nicht einfach. Schon der Umstand, dass
die Wellenfläche eine Kugel ist, ist nicht ohne Weiteres
augenscheinlich. Denn jeder von der Bewegung ergriffene
Punkt ist ja wieder ein Störungscentrum, um welchen sich
die Bewegung ausbreitet. Hat sich nun eine Welle bis auf
eine Kugelfläche fortgepflanzt, und gehen von jedem Punkte

derselben Wellen aus, die sich in einer gewissen Zeit wieder bis auf eine Kugelfläche ausbreiten, so lässt sich mathematisch nachweisen, dass sich die Bewegung in allen Punkten vernichtet und nur in der koncentrischen, die Elementarkugeln umhüllenden Kugelfläche erhalten bleibt. Fig. 14 soll dies veranschaulichen. Der genannte Satz heisst das **Huyghenssche Princip**.

Beugung. 43. Es ist nach diesem Satze einleuchtend, dass am intensivsten die ungestörte geradlinige Ausbreitung ist, dass sie jedoch auch um Ecken herum stattfindet. So würde also

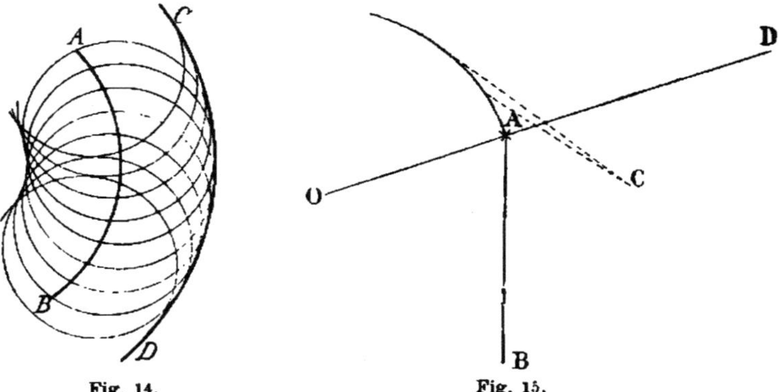

Fig. 14.   Fig. 15.

auch Punkt C (Fig. 15) von der von O ausgehenden Bewegung ergriffen werden, obwohl er durch die für die Bewegung undurchlässige Wand AB von ihm getrennt ist. In dem für die geradlinige Bewegung nicht erreichbaren Raume unterhalb AD giebt es, wie die nähere Betrachtung zeigt, Stellen stärkster und solche schwächster Bewegung. Die ganze Erscheinung wird mit dem Namen der **Beugung** bezeichnet.

Reflexion und Brechung. 44. Trifft eine Wellenbewegung auf die Grenze des Mediums, in welchem sie sich ausbreitet, so kehrt ein Theil der Bewegung in das Medium zurück, wird an der Grenzfläche **reflectirt**, ein Theil geht in das neue Medium über, wird **gebrochen**. Um die Gesetze dieser Erscheinung näher kennen zu lernen, wollen wir einen so kleinen Theil der Wellenfläche betrachten, dass wir ihn als eben ansehen können, das zugehörige Strahlenbündel also als parallel. In der Richtung da vorschreitend (Fig. 16) trifft die Bewegung die Grenzfläche in a. Von hier aus breitet sich die Bewegung in das alte Medium zurück und in das neue vorwärts aus, während die ursprüngliche Bewegung von der Fläche ac aus weiter geht. Ist sie vom Punkte c nach h gelangt, so sind die von a ausgehenden Wellen bis auf Kugelflächen vorgeschritten, deren Radien, r_1 und r_2, sich wie die Geschwindigkeiten der

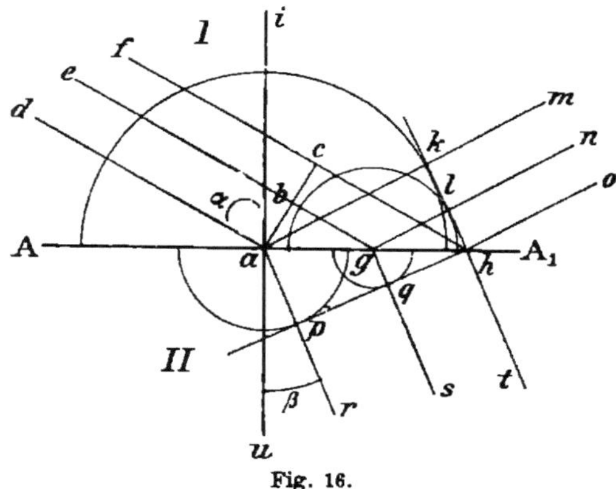

Fig. 16.

Bewegung in den beiden Medien verhalten, so dass also $r_1 = ak$, $r_2 = ap$ ist. In derselben Zeit ist die Bewegung vom Punkte b (zwischen a und c) zunächst nach g gekommen und hat sich von hier aus wieder auf zwei Kugeln in den Medien I und II ausgebreitet, deren Radien die Hälften von r_1 und r_2 sind. Analoges gilt für die Bewegung, die von den anderen zwischen a und c gelegenen Punkten kommt. Man erhält daher die reflectirte und gebrochene Wellenfläche als die Tangentialebene an alle Elementarwellenflächen (Kugeln), die sich in I und II von den Punkten der Fläche ah ausbreiten, das ist hk und hp. Die Senkrechten auf diese Tangenten stellen die reflectirten und gebrochenen Strahlen dar. Aus der Congruenz der Dreiecke $ach \cong ahk$ folgt sofort, dass die reflectirte Welle mit der Grenzfläche denselben Winkel bildet, wie die einfallende. Indem man das Lot auf der Grenzfläche errichtet (Einfallslot), und die Winkel der Strahlen mit demselben einführt, sieht man, dass Einfalls- und Reflexionswinkel einander gleich sind. Bezeichnet man den Einfallswinkel mit α, den Brechungswinkel mit β, so sieht man, dass auch $\sphericalangle\,cah = \alpha$, $\sphericalangle\,ahp = \beta$ ist. Ferner folgt aus den rechtwinkligen Dreiecken cah und ahp $\sin\alpha = \dfrac{hc}{ah}$, $\sin\beta = \dfrac{ap}{ah}$ folglich: $\dfrac{\sin\alpha}{\sin\beta} = \dfrac{hc}{ap}$. Nun verhalten sich hc und ap wie die Geschwindigkeiten der Bewegung in den beiden Medien, also wie $r_1 : r_2$, welches Verhältniss von der Bewegungsrichtung unabhängig, also constant ($= n$) in Bezug auf die Winkel ist. Somit ist $\sin\alpha : \sin\beta = n$.

Zusammengefasst lauten daher die abgeleiteten Sätze:

Reflectirter und gebrochener Strahl liegen in der durch den einfallenden Strahl und das Einfallslot gebildeten Ebene (Einfallsebene).

Der Reflexionswinkel ist gleich dem Einfallswinkel.

Die sinus des Einfallswinkels und Brechungswinkels haben ein constantes Verhältniss, nämlich gleich dem Geschwindigkeitsverhältniss der Bewegung in den beiden Medien.

45. Wellenbewegungen, welche von verschiedenen Punkten ausgehen, können an irgend welchen Punkten zusammentreffen. Man sagt alsdann, sie interferiren mit einander, und nennt die Erscheinung zufolge der resultirenden Bewegung eine Interferenzerscheinung. Die Gesetze dieser Bewegungen sollen hier ebenfalls nicht rechnerisch aus den Voraussetzungen über die ihnen zu Grunde liegenden Kräfte abgeleitet werden; doch wollen wir das Resultat der Rechnung für den Fall angeben, dass die Amplitude der Bewegung klein ist im Verhältniss zu ihrer Wellenlänge. Alsdann gilt der Satz, dass die Elongation eines schwingenden Theilchens in irgend

einem Moment gleich ist der algebraischen Summe der Elongationen, welche es zufolge der einzelnen Bewegungen haben würde.

Dieser Satz gestattet, die Zustände einer Punktreihe zufolge zweier Bewegungen durch Zeichnung einfach übereinander zu setzen (zu superponiren). Man nennt ihn daher das Princip der Superposition der kleinen Bewegungen.

46. Fig. 17 soll die schwingende Bewegung eines Punktes veranschaulichen. In dem achten Theile der Schwingungszeit, $T/8$, kommt er von A nach A', in weiteren $T/8$ Sec. von A' nach A'', wobei $A'A'' < AA'$ ist, da die Geschwindigkeit der Bewegung beständig abnimmt. In den nächsten $T/4$ Sec. kehrt er über A' nach A zurück und gelangt in weiteren $T/4$ Sec. nach A''', von wo er im letzten Viertel der Schwingungszeit wieder nach A zurückkehrt.

Schwingungen
von Punkten
und Punkt-
reihen.

A'''

A
A'
A''

Fig. 17.

Fig. 18 a. f. S. soll die Schwingung einer Punktreihe veranschaulichen. Jeder einzelne Punkt schwingt, wie Punkt A in Fig. 17; aber gleichzeitig befinden sich die Punkte A bis J in den verschiedensten Phasen. In a) bis e) sind dieselben während einer halben Schwingungsdauer angedeutet, so dass also A sich über A' nach A'' und wieder zurück nach A bewegt. Verbindet man dann die einzelnen Punkte, so entsteht die ausgezogene wellenförmige Linie, und diese Wellenform schreitet, wie man sieht, von links nach rechts fort. In 18 e) hat jeder Punkt die entgegengesetzte Phase von der in 18 a), und wenn man die Zustände der Punktreihe noch weiter von $T/8$ zu $T/8$ Sec. verfolgt, so erscheinen auch die entgegengesetzten Phasen von 18 b) etc., bis nach einer ganzen Schwingungsdauer der Zustand von 18 a) wieder erscheint.

47. In Fig. 19 ist in den schwach ausgezogenen Linien Fig. 18 a) bis e) wiederholt. Durch die punktirten Linien ist dagegen eine Bewegung angedeutet, welche in der entgegengesetzten Richtung fortschreitet. Die dick ausgezogenen Linien zeigen das Resultat der Superposition dieser beiden Bewegungen. Man sieht, dass eine Bewegung resultirt, welche von den

Stehende
Schwingungen.

ersten wesentlich verschieden ist. Die Form der Welle schreitet nämlich nicht fort, sondern die einzelnen Punkte vollführen

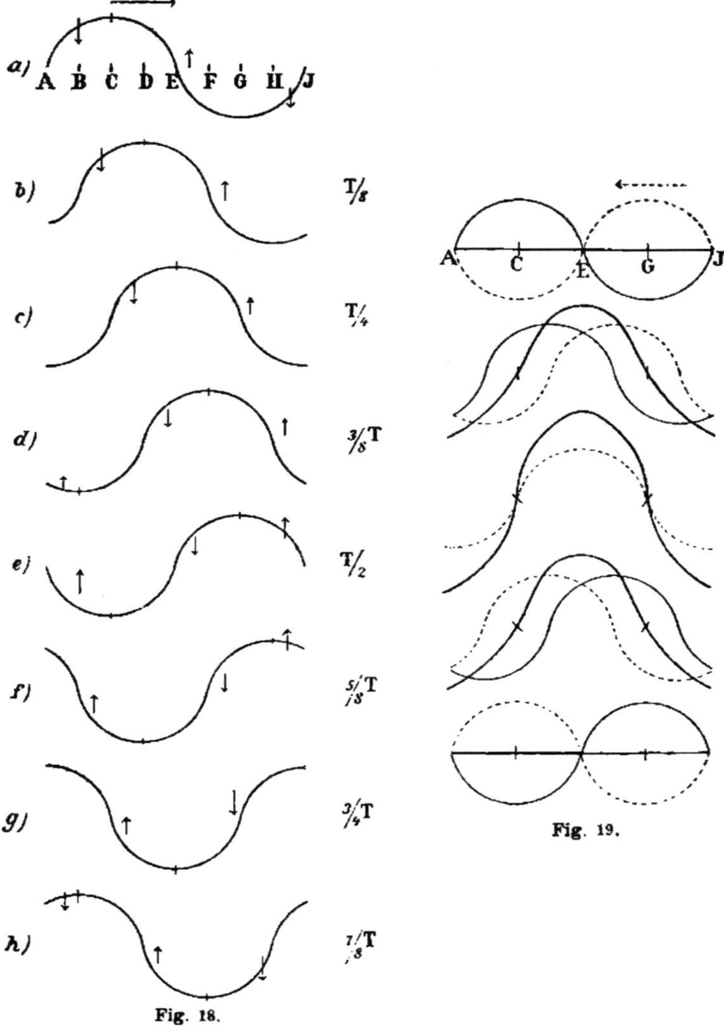

Fig. 18.

Fig. 19.

von einander verschiedene Bewegungen, befinden sich aber längs einer halben Wellenlänge stets in gleicher Phase. Man nennt eine solche durch Interferenz zweier gegen einander laufenden Wellenzüge entstehende Bewegung eine stehende Schwingung.

Wie man sieht, bewegen sich dabei bestimmte, um eine halbe Wellenlänge von einander entfernte Punkte, C und G, gar nicht, andere, ebenfalls von einander um eine halbe Wellenlänge von einander, von den ersteren um je eine viertel Wellenlänge entfernte Punkte, A, E, J, besitzen die grösste vorkommende Amplitude, bewegen sich also am heftigsten. Man nennt die letzteren Punkte Schwingungsbäuche, die ersteren Schwingungsknoten.

48. Hat man zwei Wellenzüge, welche hinter einander herlaufen, so sind besonders die beiden Fälle interessant, in welchen die Punktreihe zufolge beider Bewegungen stets in derselben Phase oder in entgegengesetzten sich befindet. Im ersten Falle ist der durch Fig. 18 dargestellte Zustand mit sich selbst zu superponiren, so dass also eine fortschreitende Welle derselben Art, aber mit grösserer Amplitude, das ist verstärkter Bewegung entstehen muss. Im anderen Falle sind die Zustände 18 a) b)... mit 18 e) f)... zusammenzusetzen. Man sieht sofort, dass in diesem Falle alle Punkte sich stets in der Gleichgewichtslage befinden, also gar keine Bewegung zu Stande kommt. Man kommt also zu dem Resultat:

Zwei Wellenzüge verstärken oder vernichten sich durch Interferenz, je nachdem jede allein die von ihr ergriffenen Punkte in die gleiche oder entgegengesetzte Phase bringen würde.

Denkt man sich die interferirenden Wellen nach ihrem Anfangspunkte zu fortgesetzt, so kann man sie sich dort mit derselben Phase beginnend vorstellen, wenn die Anfangspunkte verschieden weit liegen. Beträgt die Entfernung derselben eine halbe Wellenlänge, so werden die von beiden ergriffenen Punkte in entgegengesetzten Schwingungszustand versetzt, in gleichen, wenn jene Entfernung eine ganze Wellenlänge beträgt. Das Resultat kann daher auch so ausgesprochen werden:

Zwei interferirende Wellenzüge verstärken oder vernichten sich, je nachdem ihre Wegdifferenz eine ganze oder halbe Wellenlänge beträgt.

Fourier'scher Satz.

49. Natürlich kann man auch oft schwingende Bewegungen aus einfacheren zusammengesetzt denken. Speciell lässt sich zeigen, dass jede complicirte Schwingungsbewegung, welche zwar periodisch erfolgt, aber nicht durch das Pendelgesetz dargestellt ist, bei welcher also die in die Gleichgewichtslage zurücktreibende Kraft nicht der Elongation proportional ist, sich als das Resultat der Zusammensetzung einer Reihe von Pendelschwingungen auffassen lässt, deren Schwingungszahlen nur ganzzahlige Vielfache der Schwingungszahl der resultirenden Bewegung sind. Dieser Satz heisst nach seinem Begründer der Fourier'sche Satz.

Akustik.

50. Wenn die Theile eines Körpers stehende Schwingungen vollführen, so pflanzt sich die Bewegung an den Grenzen des Körpers in das umgebende Medium, gewöhnlich also Luft, fort, so dass in der Luft fortschreitende Wellen entstehen. Wenn dieselben in das menschliche Ohr gelangen und bestimmte Nerven erregen, so entsteht unter gewissen Umständen die eigenthümliche Empfindung, welche wir als Ton bezeichnen. Das Ohr ist daher ein empfindliches Instrument, um die Schwingungen der verschiedenen Körper zu untersuchen.

Von der Thatsache, dass Töne eines Mediums bedürfen, durch welches sie sich fortpflanzen können, um unser Ohr zu erreichen, kann man sich leicht überzeugen, wenn man ein Glockenspiel unter eine Luftpumpe setzt. Der Ton nimmt an Stärke ab, wenn man mit dem Auspumpen beginnt, und erlischt schliesslich vollständig, kehrt aber sofort wieder, wenn man Luft in den Raum einströmen lässt.

Dass sich die tönenden Körper in schwingender Bewegung befinden, kann man ebenfalls leicht feststellen; wenn man eine tönende Stimmgabel auch nicht vibriren sieht, so fühlt man die Vibrationen doch, wenn man sie an empfindliche Stellen des Körpers, etwa die Lippen, bringt. Auch hört der Ton auf, wenn man durch Festhalten die Schwingungen hindert.

51. Alle Körper, welche sich leicht in stehende Schwingungen versetzen lassen, können als Tonerreger benutzt werden. Es sind dies vorzugsweise elastische Saiten und Membranen, ferner elastische Stäbe und Platten, sowie Luftsäulen, also in einer Richtung vorzugsweise ausgedehnte Luftsäulen.

Klemmt man eine Saite an beiden Enden ein, und hält man ausserdem einen ihrer Punkte fest, so können sich nur solche Schwingungen beim Anreissen der Saite ausbilden, bei welchen die festgehaltenen Punkte Schwingungsknoten sind. Beträgt z. B. die Entfernung des festgehaltenen Punktes C vom Ende der Saite, A, ein Drittel der ganzen Saitenlänge, so kann sich die durch Fig. 20 a) dargestellte Schwingung

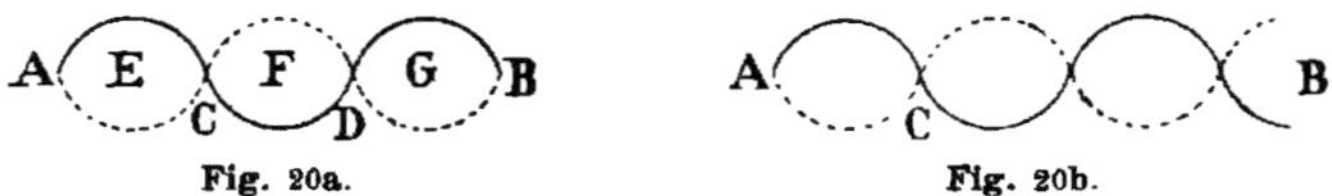

Fig. 20a.　　　　　　　　　　　　Fig. 20b.

ausbilden, bei welcher in A, C, D, B Knoten, in E, F, G Bäuche vorhanden sind. Man kann die Thatsächlichkeit dieses Umstandes leicht durch aufgesetzte Papierreiterchen nachweisen, welche in E, F und G heftig heruntergeschleudert, in D gar nicht alterirt werden.

Beträgt die Entfernung AC jedoch nur $^2/_7$ der Saitenlänge AB, so müsste die durch Fig. 20b) dargestellte Bewegung entstehen, bei welcher in B ein Schwingungsbauch liegen würde. Eine solche Schwingung kann natürlich nicht zu Stande kommen, weil der Punkt B eben festgeklemmt ist. Man sieht somit, dass nicht alle beliebigen Schwingungen, also auch Töne, hervorgerufen werden können, sondern dass die Wellenlängen, und daher auch die Schwingungszahlen der möglichen Töne in ganz bestimmten Beziehungen zu den Saitenlängen stehen.

Aehnliche Beziehungen bestehen natürlich auch für die anderen tonerregenden Körper, und die Bestimmung derselben bietet oft erhebliche, mathematische Schwierigkeiten dar.

52. Beim Anreissen einer Saite schwingen ihre Theilchen transversal gegen die Fortpflanzungsrichtung der Bewegung, welche ja die Saite entlang läuft. Doch kann man sie auch zum Tönen bringen, wenn man sie in der Längsrichtung anreibt, so dass also die Theile in der Fortpflanzungsrichtung, longitudinal,[1) schwingen. Elastische Stäbe werden auch gewöhnlich auf diese letztere Weise zum Tönen gebracht. Nur **U**-förmig gebogene Stäbe, Stimmgabeln, werden angeschlagen und so in Transversalschwingungen versetzt (Fig. 21). Die freien Enden müssen dabei natürlich Schwingungsbäuche bilden.

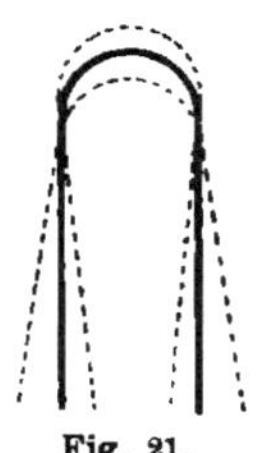

Fig. 21.

Bei elastischen Membranen und Platten bilden die Knotenpunkte eine zusammenhängende Reihe, so dass Knotenlinien entstehen, welche die Platte in verschiedene Theile theilen, welche einander entgegengesetzt schwingen. Man kann die Knotenlinien leicht sichtbar machen, indem man leichten Sand aufstreut; dieser sammelt sich bei der Bewegung an den Knotenlinien, da er von den schwingenden Theilen fortgeschleudert wird, und bildet so Figuren, welche die Art der Schwingung erkennen lassen. (Chladni's Klangfiguren.)

Luftmassen werden gewöhnlich durch Anblasen zum Tönen gebracht; je nach der Art des Mundstücks unterscheidet man Zungen- und Lippenpfeifen. Ferner unterscheidet man offene und gedeckte Pfeifen, je nachdem das zweite Ende der Pfeife offen oder geschlossen ist. Da am offenen Ende stets ein Schwingungsbauch, am geschlossenen ein Schwingungsknoten sich befinden muss, so ergeben sich

---

¹) Für die Zeichnungen in den Fig. 18 und 19 sind stets Transversalschwingungen gewählt worden. Bei Longitudinalschwingungen in der Fortpflanzungsrichtung kann man eine Elongation nach rechts graphisch als solche nach oben darstellen, eine Elongation nach links als solche nach unten. Die abgeleiteten Sätze beziehen sich auf Longitudinalschwingungen daher ebenso, wie auf Transversalschwingungen, welche nur den Vorzug haben, sich übersichtlicher zeichnen zu lassen.

Unterschiede der bei den gedeckten und offenen Pfeifen möglichen Arten von Schwingungen und Tönen.

Das bequemste Mittel zur Sichtbarmachung der Schwingungsknoten bei den stehenden Schwingungen von Luftsäulen und somit zur Messung der Wellenlängen bieten die Kundtschen Röhren. In denselben sammelt sich eingestreuter Bärlappsamen, sobald die Schwingungen erregt sind, an den Knotenpunkten, die sogenannten Kundt'schen Staubfiguren bildend.

Mitschwingen und Resonanz. 53. Wie schon früher gesagt, bestehen zwischen den Schwingungen, welche ein Körper ausgeben, also den Tönen, in welchen er erklingen kann, und seinen geometrischen Formen bestimmte mathematische Beziehungen, so dass er nicht auf alle Töne anspricht. Erklingt jedoch der Ton, auf welchen ein Körper besonders gut ansprechen kann, in seiner Nähe, so dass die durch die Luft fortgepflanzten Schwingungen auch ihn erreichen, so wird er durch die Stösse der Luft selbst in Schwingungen versetzt, und tönt noch, selbst wenn der ursprüngliche Ton nicht mehr existirt.

Dieses **Mitschwingen** benutzt man, um die schwachen Töne von Stimmgabeln zu verstärken. Man setzt sie mit ihrem Stiel auf eine Holztafel oder einen Holzkasten, in welchem eine grössere Luftmenge eingeschlossen ist. Wenn diese mitschwingen, so wird wegen ihrer grösseren Oberfläche eine grössere Luftmenge in Bewegung gesetzt, wodurch der Ton bedeutend verstärkt wird, was allerdings zufolge des Energieprinzips nur auf Kosten der Dauer erreicht werden kann.

Man nennt solche Vorrichtungen **Resonanzböden** oder **Resonanzkästen**, die Erscheinung selbst **Resonanz**.

Schallgeschwindigkeit. 54. Die Wellen, welche an den Grenzen der tonerregenden Körper in die umgebende Luft übergehen, pflanzen sich in derselben als fortschreitende Wellen fort. Indem man die Luft als elastisches Medium betrachtet, kann man theoretisch eine Formel für die Fortpflanzungsgeschwindigkeit ermitteln.

Dies ist bereits von Newton geschehen, welcher hierfür die Formel aufstellte:

$$v = \sqrt{\frac{g h d}{\Delta}}.$$

Hierin bedeutet g die Beschleunigung durch die Schwere, gleich 9,81 m = 981 cm, h die Barometerhöhe, im Mittel 76 cm, d die Dichte des Quecksilbers gleich 13,59 gr und Δ die Dichte der Luftart, auf welche sich die Formel bezieht, also unter gewöhnlichen Umständen gleich 0.001293 gr. Hieraus folgt der Werth

$$v = 27993 \text{ cm ungefähr gleich } 280 \text{ m}.$$

Nun haben aber vielfach wiederholte und sorgsam angestellte Versuche den Werth von 332 m ergeben. Als Schallquelle dienten Kanonensignale, und man berechnete die gesuchte Geschwindigkeit aus der beobachteten Zeitdifferenz zwischen der Wahrnehmung des Pulverblitzes und des Schalles der Explosion bei bekannter Entfernung.

Den Fehler, welcher sich hiernach in der theoretischen Ableitung befinden muss, entdeckte erst La Place. Wir kommen in der Wärmelehre darauf zurück (cfr. § 81).

55. Die Schallwellen werden, wenn sie auf feste Wände stossen, reflectirt. Regelmässige Reflectionen verursachen die als Echo bekannte Erscheinung. *Reflexion der Schallwellen.*

Auch die Phänomene der sogenannten Flüstergewölbe, in welchen die in einem bestimmten Punkte erregten Töne nur in einem ganz bestimmten anderen Punkte hörbar sind, dagegen fast gar nicht in anderen Punkten des Gewölbes, beruhen ebenfalls auf regelmässiger Reflexion der Schallwellen.

Auch die Wirkung des Hör- und Sprachrohrs erklärt sich dadurch, dass an den Wänden die Wellen zum Ohre hin, resp. so reflectirt werden, dass sie vorzugsweise in der zur Axe des Rohres parallelen Richtung austreten, während die seitliche Ausbreitung gehindert wird.

56. Auch die übrigen Wellengesetze kann man an den Schallwellen demonstriren. Um beispielsweise die Verstär- *Interferenz der Schallwellen.*

kung und Schwächung durch Interferenz nachzuweisen, dient folgender Apparat von Quincke (Fig. 22):

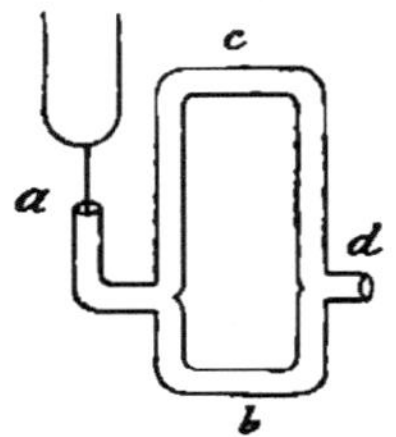

Fig. 22.

Als tonerregender Apparat dient eine Stimmgabel, deren Stiel in ein Rohr a gesteckt ist, welches sich in zwei Theile von ungleicher Länge, b und c, theilt, die sich wieder in das Rohr d vereinigen, welches zum Ohre geführt wird. Die Länge des Rohres c kann durch Ausziehen beliebig abgeändert werden. Ist sie gleich der Rohrlänge b, so hört man einen starken Ton, dessen Intensität beständig abnimmt, wenn die Rohrlänge vergrössert wird, bis zum völligen Erlöschen, wenn nämlich die Differenz der beiden Rohrlängen eine halbe Wellenlänge beträgt. Bei weiterer Vergrösserung des Weges c wird der Ton wieder hörbar und schwillt zu voller Intensität an, wenn die Differenz von c und b das Doppelte, also eine ganze Wellenlänge geworden ist. Bei weiterer Vergrösserung des Weges c wiederholt sich dasselbe Phänomen. Dass diese Erscheinung wirklich auf einer Interferenz der von a über die Wege b und c nach d gelangenden Wellenzüge beruht, geht auch daraus hervor, dass der Ton nicht geschwächt oder verstärkt werden kann, sobald einer der Wege b oder c verschlossen wird.

57. Durch die Formel $v = \lambda \cdot N$ (cfr. § 41) steht die Fortpflanzungsgeschwindigkeit in Beziehung zur Wellenlänge und Schwingungszahl, so dass durch zwei dieser Grössen stets die dritte bestimmt ist.

Auch kann man die Schwingungszahl eliminiren, wenn man nämlich in zwei verschiedenen Medien Schwingungen derselben Schwingungszahl erregt; denn durch Division der bei den Gleichungen $v' = \lambda' \cdot N$ und $v = \lambda \cdot N$ folgt: $v' : v = \lambda' : \lambda$, so dass die Fortpflanzungsgeschwindigkeit in irgend einem Medium lediglich durch die Wellenlänge bestimmt ist, wenn diese Grössen in einem anderen Medium bekannt sind. Auf diese Weise wird die Fortpflanzungsgeschwindigkeit des

Schalles in den verschiedensten Gasen mit Hilfe der Kundt-schen Röhren bestimmt, da sie in Luft bekannt ist. Durch die Formel $N = \dot{v} : \lambda$ kann man dann natürlich auch zur Kenntniss der Schwingungszahl kommen.

Noch auf anderem Wege kann man die Schwingungs-zahlen ermitteln. Man kann z. B. Zahnräder mit verschieden vielen Zähnen auf derselben Umdrehungsaxe befestigen und die Zahl und Zeit der Umdrehungen messen.

Wird bei der Umdrehung ein elastisches Blättchen gegen die Zähne gehalten, so erzeugt jeder Stoss eines Zahnes eine Schwingung, und man kann die Anzahl derselben pro Secunde leicht berechnen.

Ein einfaches Mittel zur Ermittelung der Schwingungs-zahlen gewährt auch der sogenannte Vibrograph. Derselbe besteht aus einem Metallcylinder, welcher gedreht und da-durch über eine Schraubenaxe entlang gezogen wird. Der-selbe ist mit berusstem Papier überzogen, gegen welches eine mit dem tönenden Körper verbundene Spitze sanft drückt. Bei der Bewegung schleift sie an dem Papier, und da sie zugleich hin und her schwingt, so zeichnet sie eine Wellenlinie auf dasselbe. Die Anzahl der Wellen giebt die Anzahl der Schwingungen während der Bewegung des Cylinders, so dass die Schwingungszahl, wenn man die Zeit der Drehung des Cylinders beobachtet, leicht ermittelt werden kann.

58. Auf die Empfindung haben die verschiedenen Schwingungszahlen den Einfluss, dass sie die Empfindung der verschiedenen Höhe und Tiefe der Töne hervorbringen, und zwar ist ein Ton um so höher, je grösser seine Schwingungs-zahl ist, während den tiefen Tönen die niedrigen Schwingungs-zahlen entsprechen. Natürlich existiren zwei bestimmte Grenz-zahlen, unterhalb und oberhalb deren für ein menschliches Ohr die Tonempfindung aufhört; diese Grenzen sind für die verschiedenen Menschen von einander abweichend. Die untere Grenze der Hörbarkeit bilden 30—40 Schwingungen in der Secunde (nach Helmholtz, während Andere sie noch tiefer setzen); die obere Grenze weicht bei verschiedenen Menschen

noch mehr von einander ab, sie liegt zwischen 40 000 und 60 000.

Die Fortpflanzungsgeschwindigkeit ist in der Luft für alle Töne die gleiche von etwa 330 m, und daher ergeben sich aus der Formel $v = \lambda \cdot N$, indem wir für N die Grenzzahlen 30 und 60 000 setzen, als Werthe für die Wellenlängen der tiefsten und höchsten von einzelnen noch hörbaren Töne, 21 m und 0,55 cm.

 59. Musikalisch brauchbar sind nicht sämmtliche überhaupt hörbaren Töne, sondern nur diejenigen, deren Schwingungszahlen zwischen 40 und 5000 liegen, deren Wellenlängen also zwischen 825 cm und 6,5 cm betragen.

Für das menschliche Ohr einen angenehmen Zusammenklang, eine Consonanz, geben diejenigen Töne, deren Schwingungszahlen in einfachen Zahlenverhältnissen zu einander stehen. So verhält sich die Schwingungszahl von Octave zu der des Grundtons, wie 2 : 1, von Quinte zu der des Grundtons, wie 3 : 2. Für musikalische Zwecke hat man das Intervall zwischen zwei Octaven in zwölf sogenannte halbe Töne getheilt, wovon auf das Intervall von Grundton bis zur Quinte sieben kommen, so dass man also in Quinten fortschreitend bei der zwölften Quinte auf die siebente Octave stossen muss. Dies ist nun nicht streng der Fall, denn die siebente Octave macht $2^7 = 128$mal so viel Schwingungen, als der Grundton, während die zwölfte Quinte $\left(\dfrac{3}{2}\right)^{12} = 129{,}7$mal so viel Schwingungen macht. Man muss daher die natürlich reine Stimmung, bei welcher die einzelnen Intervalle wirklich die einfachsten Schwingungszahlenverhältnisse erhalten, etwas abändern; diese Veränderung nennt man die Temperatur der Stimmung. Bei der heute üblichen gleichschwebenden Temperatur stimmt man die Octaven rein, und vertheilt den Fehler auf sämmtliche Intervalle, so dass das Schwingungszahlenverhältniss der temperirten Quinte zum Grundton $\sqrt[12]{2^7} = 1.4983$ anstatt $^3\!/_2 = 1.5$, wie bei der reinen

Quinte ist. Es ergeben sich hieraus z. B. für die temperirte Quinte des Grundtones von 440 Schwingungen (Scheiblerscher Kammerton) 659¼ statt 660 Schwingungen in der Secunde, ein Unterschied, welchen musikalisch empfindliche Ohren sehr gut wahnehmen.

60. Bei einem musikalisch gut charakterisirten Tone ist ausser der Höhe oder Tiefe, welche von der Schwingungszahl abhängt, noch etwas wahrzunehmen, was man seine Klangfarbe genannt hat. Derselbe Ton, das heisst, ein Ton von einer bestimmten Schwingungszahl klingt anders, wenn er auf dem Claviere angeschlagen, auf der Saite angestrichen, oder sonstwie hervorgebracht wird, und dieser Unterschied ist so charakteristisch, dass sogar verschiedene Personen an der verschiedenen Klangfarbe ihrer Stimmen erkannt werden.

Der Unterschied liegt, wie Helmholtz gezeigt hat, an der verschiedenen Form der Schwingungen. Töne mit einfachen Schwingungen, wie die einer Stimmgabel, haben keine Klangfarbe. Diese kommt erst zu Stande, wenn die Bewegung eine complicirtere ist, so dass sie sich nach dem Fourierschen Satze (cfr. § 49) aus einer Reihe von einfachen Schwingungen zusammengesetzt auffassen lässt. Die Töne mit den Schwingungszahlen $2n$, $3n$, $4n$, $5n$ nennt man die harmonischen Obertöne des Grundtones mit der Schwingungszahl n. Die angenehme Klangfarbe der Saiten kommt dadurch zu Stande, dass verschiedene harmonische Obertöne mit dem Grundton zugleich erklingen.

Den Nachweis hierfür kann man führen, indem man Luftmassen herstellt, welche auf bestimmte Töne abgestimmt sind (Helmholtz'sche Resonatoren), und diese nun mitklingen, wenn ihr Ton in dem erregten vorhanden ist; steckt man einen solchen Resonator ins Ohr, so hört man auch seinen Ton bei vielen anderen, was ein Beweis ist, dass er als Partialton in jenem enthalten ist.

Auch direkt hat Helmholtz gezeigt, dass die Klangfarbe durch die Obertöne bedingt ist, indem er aus den Tönen einer Reihe von Stimmgabeln, deren Schwingungszahlen die

Reihe der harmonischen Obertöne darstellten, die menschlichen Vocalklänge in ihrer eigenthümlichen Klangfarbe zusammensetzte.

Es ist klar, dass die Form der Welle eine wesentlich andere wird, wenn andere Obertöne mitklingen. So zeigt Fig. 23a den Zusammenklang des Grundtones mit seinem

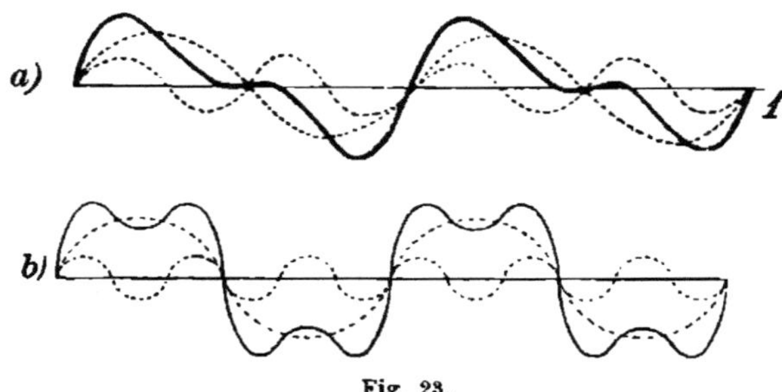

Fig. 23.

ersten Oberton, der Octave, Fig. 23b den mit seinem zweiten Oberton, der Quinte der Octave.

Uebrigens ist es nicht ganz korrekt, wie oben zu sagen, die Klangfarbe hängt von der Form der Schwingungen ab, da sie nur durch die Obertöne bedingt ist, nicht durch etwaige Phasenunterschiede, welche dieselben zum Grundton haben; solche Phasenunterschiede ändern aber, wie leicht ersichtlich, ebenfalls die Schwingungsform.

Was ist Consonanz und Dissonanz.   61. Es drängt sich noch die Frage auf, warum wir das Zusammenklingen gewisser Töne angenehm, als Consonanz, anderer unangenehm, als Dissonanz empfinden. Allerdings könnte man die Untersuchung als nicht ·ins physikalische Gebiet gehörig ablehnen und sich damit begnügen, zu sagen:

Jeder Ton erregt eine gewisse kleine Partie der Fasern oder Stäbchen des Corti'schen Organes, zwei verschiedene Töne also zwei verschiedene Partieen, und die gleichzeitige Erregung gewisser Partieen empfinden wir unangenehm, die anderer angenehm.

Aber die einfachen Zahlenverhältnisse der Schwingungs-

zahlen der consonanten Töne und Klänge [1]) scheinen doch darauf hinzudeuten, dass auch rein physikalische Vorgänge diesen Erscheinungen mit zu Grunde liegen.

Da es sich hierbei um Interferenzen von
Schwingungsbewegungen handelt, deren Schwingungszahlen, also auch Wellenlängen von einander
verschieden sind, und wir solche noch nicht betrachtet haben, so müssen wir einige Bemerkungen
darüber vorausschicken.

62. Nach dem Prinzip der Superposition sind
in Fig. 24 zwei Bewegungen zusammengesetzt,
bei welchen auf acht Wellenlängen der einen
neun Wellenlängen der andern Bewegung kommen.

Wie man sieht, findet da, wo die Wellen
wieder mit derselben Phase zusammentreffen, eine
Verstärkung, da, wo sie mit entgegengesetzten
Phasen zusammentreffen, eine erhebliche Schwächung der Bewegung statt. Ist die Schwingungszahl der ersten Bewegung 900, die der anderen
also 800, denn die Schwingungszahlen verhalten
sich umgekehrt wie die Wellenlängen, da $N . \lambda$
$= N' . \lambda'$, so kommt in der Secunde, wie man
sieht, 100mal eine besondere Schwächung mit
darauffolgender allmählicher Verstärkung der Bewegung vor; auch bei beliebigen anderen Schwingungszahlen wird diese Schwächung und Verstärkung, deren Anzahl stets gleich der Differenz der
Schwingungszahlen sein muss, auftreten.

Bei den Tönen wird diese Erscheinung als
Schwächung und Anschwellen des Tones wahrnehmbar, so dass also die Töne zweier Stimmgabeln, deren Schwingungszahlen etwa 440 und 450 sind,
10mal in der Secunde abzunehmen und dann wieder anzu-

Fig. 24.

---

[1]) So nennt man nach Helmholtz einen Ton mitsammt seiner
eigenthümlichen Klangfarbe, also das Empfindungsresultat eines Tones
mit den mitklingenden Obertönen.

schwellen scheinen. Man nennt diese Erscheinung Schwebungen oder Stösse. 10—12 in der Secunde werden noch deutlich gezählt, noch mehrere werden unangenehm empfunden, indem sie den Ton rauh erklingen lassen, und über 40 können nicht mehr wahrgenommen werden.

Tartini'sche Töne.   Nun tritt aber beim Zusammenertönen zweier Töne, deren Schwingungszahlen grössere Differenzen haben, noch ein neuer Ton auf, dessen Schwingungszahl gleich der Differenz der Schwingungszahlen der primären Töne ist. (Combinationstöne oder Tartini'sche Töne.) Es liegt daher nahe, diesen als aus Schwebungen entstanden aufzufassen, welche so schnell aufeinander folgen, dass die einzelnen Stösse wiederum zu einer Tonempfindung verschmolzen werden.

Das Wesen der Consonanz und Dissonanz.   63. Die Thatsache, dass 30 bis 40 Schwebungen in der Secunde höchst unangenehm empfunden werden, hat wohl denselben Grund, als der Umstand, dass alle unsere Nerven durch intermittirende Reize stark angegriffen werden, wie beispielsweise die Augen durch flackerndes Licht.

Nun klingen am consonantesten zwei Töne mit den Schwingungszahlen n und $n_1 = 2\,n$. Die mitklingenden Obertöne des ersten haben die Schwingungszahlen $2n$, $3n$, $4n$ etc.... die des anderen die Schwingungszahlen $4n$, $6n$,   Wenn nur n selbst genügend gross ist, und das ist bei den in der Musik gebrauchten Tönen stets der Fall, so entstehen auch zwischen den Obertönen keine Schwebungen, welche sich störend bemerkbar machen.

Auch wenn die Schwingungszahlen sich wie 2 : 3 verhalten, fallen noch sehr viele Obertöne zusammen. Je mehr man aber zu den als dissonant bekannten Schwingungszahlen kommt, umsomehr sind Obertöne vorhanden, welche störende Schwebungen, bei den dissonantesten 30—40 in der Secunde, miteinander machen.

Die Dissonanz besteht daher darin, dass die Grundtöne und Obertöne Schwebungen mit einander machen, die Consonanz beruht darauf, dass diese Schwebungen wegen des ganzen oder theilweisen Zusammenfallens der Obertöne vermieden werden.

64. Der Begründer der Consonanztheorie, Helmholtz, erklärt die Tartini'schen Töne aus theoretischen Gründen nicht als durch Verschmelzung der einzelnen Stösse entstanden, weil die zusammengesetzte Schwingungsbewegung, welche aus zwei einfachen entstanden ist, nach dem Fourier'schen Satze auch nur wieder in diese beiden aufgelöst werden kann, so dass für den Differenzton kein Raum bleibt.

Wenn man jedoch annimmt, dass die Schwingungsamplituden gegen die Wellenlängen nicht als unendlich klein angesehen werden dürfen, und das verhält sich zweifellos so, da die Amplituden bei manchen Saiten 1 mm erreichen, so zeigt die mathematische Analyse, welche dann allerdings nicht mehr vom Prinzip der Superposition ausgehen kann, so dass auch der Fourier'sche Satz hier nicht mehr anwendbar ist, dass diese Töne doch existiren. Doch verlangt sie auch die Existenz noch anderer Töne, deren Schwingungszahl gleich der Summe der Schwingungszahlen der primären Töne ist. Es gelang Helmholtz, neben den Differenztönen auch diese von der Theorie geforderten Summationstöne nachzuweisen.

Differenz- und Summationstöne.

Wärme.

A. Wesen der Wärme.

Temperatur.

65. Wie von tönenden Körpern etwas ausgeht, nämlich Schwingungen, welche sich fortpflanzen und, unsere Gehörnerven reizend, Tonempfindung in uns erregen, so geht auch von den mehr oder weniger warmen Körpern etwas aus, was sich durch den Raum fortpflanzt und, wenn es auf unsern Körper trifft und bestimmte Nerven, deren Enden über den ganzen Körper vertheilt sind, reizt, in uns eine mehr oder weniger starke Wärmeempfindung hervorruft. Wie wir im ersteren Falle sagen, die Körper tönen, so sagen wir im letzteren: Die Körper sind mehr oder weniger warm, oder: sie befinden sich in einem grösseren oder geringeren Wärmezustande, oder: sie haben eine höhere oder tiefere Temperatur.

Während aber der Ton irgend eines Mediums zu seiner Fortpflanzung bedarf, — gewöhnlich ist es die Luft —, ist dies bei der Wärme nicht der Fall. Auch von ausserirdischen Körpern, vor Allem von der Sonne, geht das die Wärmeempfindung verursachende Agens aus, und findet seinen Weg durch den anscheinend leeren Weltenraum bis zu uns. Man nennt diese Art der Wärmefortpflanzung Ausbreitung durch Strahlung.

Wärme als Energieform.

66. Durch Aufwendung von mechanischer Arbeit kann ein Körper in einen höheren Wärmezustand versetzt, auf eine höhere Temperatur gebracht werden. Umgekehrt kann da-

durch, dass der Wärmezustand eines Körpers sinkt, mechanische Arbeit geleistet werden. Durch seinen Wärmezustand besitzt daher ein Körper die Fähigkeit, Arbeit zu leisten, das ist Energie.

˙Man stellt sich die Wärmeenergie als kinetische Energie der kleinsten Theile eines Körpers, Molecüle, vor, den Wärmezustand bedingt durch heftige schwingende Bewegungen der einzeln nicht sichtbaren Molecüle, welche also gegenseitige Abstände haben müssen, die eine solche Bewegung zulassen.

67. Da eine Schwingungsbewegung sich durch einen leeren Raum nicht fortpflanzen kann, nimmt man an, dass der ganze Weltenraum mit einem Stoffe, dem Aether erfüllt sei, dessen Theilchen durch ihre Schwingungen die Wärmefortpflanzung durch Strahlung übermitteln. Von diesem Stoffe nimmt man an, dass seine Theilchen so klein sind, dass seine Molecüle oder Atome in die Zwischenräume der Molecüle aller anderen Körper eindringen, so dass der Aether überall vorhanden ist.

Eine Wägung dieses hypothetischen Stoffes ist bisher noch nicht gelungen; auch hat sich bisher nicht erweisen lassen, dass den Himmelskörpern in ihrer Bewegung durch dieses hypothetische Medium, in welchem sie sich bewegen, irgend ein Widerstand geleistet wird, welcher die Bewegung modificirt [1]). Man hat den Aether daher im Gegensatz zu den wägbaren (ponderablen) Stoffen ein Unwägbares (Imponderabilium) genannt. Dabei darf man sich aber über die hypothetische Natur desselben durchaus keiner Täuschung hingeben.

B. Volumänderung durch die Wärme.

68. Um den Wärmezustand, die Temperatur der Körper zu messen, ist unsere Empfindung ein sehr ungenauer Massstab, weil dieselbe durchaus subjectiver Natur ist. Es er-

---

[1]) Gegentheilige Behauptungen in Bezug auf den Enke'schen Kometen sind durchaus nicht erwiesen.

leiden aber alle Körper eine Volumänderung bei Erwärmung,
und zwar fast alle eine Volumvermehrung. Diese ist daher
sehr geeignet, als Maass der Temperatur zu dienen. Man
benutzt gewöhnlich die Volumvermehrung, welche eine Queck-
silbermasse mit steigender Temperatur erfährt, als Maass der
Temperatursteigerung.

Man bringt zu diesem Zwecke das Quecksilber in eine
kleine Kugel, an welche ein Capillarrohr angeschmolzen ist.
Dasselbe ist an der freien Seite zugeschmolzen; jedoch ist
das Quecksilber vorher ins Kochen gebracht worden, damit
keine Luft über ihm zurückbleibt. Als feste Temperatur-
zustände, welche leicht hergestellt werden können, dienen diejenigen, bei welchen unter Normaldruck Eis schmilzt und
Wasser siedet. Die Volumina, welche das Quecksilber bei
denselben einnimmt, sind durch Striche an der Röhre markirt,
an welche man die Zahlen 0^0 und 100^0 setzt. Der Abstand,
also auch das Volumen zwischen diesen Fundamentalpunkten,
wird in 100 gleiche Theile getheilt, und diese Theilung nach
beiden Seiten fortgesetzt. Man spricht dann von einer Erwärmung um 1^0, wenn das Quecksilber um einen Theilstrich
steigt. Demnach ist die Temperaturerhöhung um 1^0 gemessen
durch $^1/_{100}$ derjenigen Volumausdehnung, welche das Quecksilber erfährt, wenn es von der Temperatur des schmelzenden
Eises auf die des siedenden Wassers erwärmt wird.

In Deutschland ist statt der 100teiligen Skala (Celsius)
noch vielfach die 80teilige (Réaumur) in Gebrauch, bei welcher
der Abstand der Fundamentalpunkte in 80 gleiche Theile getheilt ist.

Bei der Fahrenheit'schen Skala, welche in England und
Amerika viel gebraucht wird, ist er in 180 Theile getheilt,
und ausserdem der 0-Punkt um 32 Theile unter den Schmelz-
punkt des Eises verlegt, so dass die Siedetemperatur des
Wassers mit 212^0 bezeichnet wird.

Von Aerzten viel gebraucht wird das sogenannte Fieber-
thermometer. In demselben ist ein kleiner Quecksilbertropfen
von der übrigen Masse durch eine Luftblase getrennt. Nach-

dem das Instrument von der Körperstelle, deren Temperatur bestimmt werden soll, entfernt ist, nimmt die Luftblase den durch die Zusammenziehung des Quecksilbers vergrösserten Raum vollständig ein, so dass der darüber befindliche Quecksilbertropfen seinen Stand einige Zeit hindurch bewahrt und dadurch die Temperatur, welche das Thermometer am Körper hatte, erkennen lässt.

69. Untersucht man die Volumveränderung der Körper mit steigender Temperatur, welche durch die Quecksilberausdehnung gemessen ist, so ist es selbstverständlich, dass die Volumvermehrung des Quecksilbers genau proportional der Temperaturzunahme ist. Wenn die Volumina bei t^0 und 0^0 mit v_t und v_0 bezeichnet werden, und der Bruchtheil des Volums bei 0^0, um welchen sich die Masse für die Temperaturerhöhung von 1^0 ausdehnt, der Ausdehnungscoefficient, mit α, so gilt daher die Formel:

$$v_t = v_0 + v_0 . \alpha . t = v_0 (1 + \alpha t).$$

Es beträgt $\alpha = \dfrac{1}{5550} = 0.00018$.

Für die Volumvermehrung der festen Körper ergiebt sich dieselbe Formel. Bei diesen unterscheidet man noch die lineare Ausdehnung, wenn der Körper eine Gestalt hat, bei der eine Dimension überwiegt. Auch für die lineare Ausdehnung gilt dasselbe Gesetz, wobei die Bezeichnung gilt, dass der cubische Ausdehnungscoefficient das Dreifache des linearen ist. Bei allseitig gleichmässiger linearer Ausdehnung müsste für die cubische die Formel gelten: $v_t = v_0 (1 + \alpha t)^3$ $= v_0 (1 + 3 \alpha . t + 3 \alpha^2 t^2 + \alpha^3 t^3)$, wo α der lineare Ausdehnungscoefficient ist. Nun ist α aber stets eine so kleine Grösse, z. B. für Eisen 12, für Zink 30 Milliontel der Länge von 0^0, dass die Glieder mit Potenzen von α ganz ausser Betracht bleiben können, wodurch obige Beziehung verständlich wird. Sie gilt nicht mehr, wenn, wie bei Krystallen, die Ausdehnung in verschiedenen Richtungen eine verschieden starke ist.

Die Volumänderung der Flüssigkeiten ist im allgemeinen

Die Ausdehnung des Wassers.

der Temperaturerhöhung nicht proportional, doch ist sie ebenfalls eine Ausdehnung. Nur das Wasser zeigt ein abweichendes und merkwürdiges Verhalten. Seine Ausdehnung, übrigens auch nicht proportional der Temperaturänderung, findet oberhalb 4° bei Temperaturerhöhung, unterhalb 4° bei Temperaturerniedrigung statt, so dass eine gegebene Masse bei 4° das kleinste Volumen ausfüllt, also die grösste Dichte besitzt.

Die Gase dehnen sich innerhalb sehr weiter Temperaturgrenzen ($- 25°$ und $+ 200°$) fast ganz gleichmässig aus, so dass ihr Verhalten durch die Formel $v_t = v_0 (1 + \alpha t)$ ziemlich genau dargestellt ist. Aber vorausgesetzt ist hierbei, dass man es mit gut definirten Gasen zu thun hat, das heisst mit Gasen, welche dem Mariotte'schen Gesetze genau folgen. Kohlensäuregas z. B., welches schon bei 30° erhebliche Abweichungen von demselben zeigt, dehnt sich bei dieser Temperatur auch nicht gleichmässig mit steigender Temperatur aus.

Die Ausdehnung der Gase. Das Gay-Lussac'sche Gesetz.

70. Alle Gase, als deren Repräsentanten die dem Mariotte'schen Gesetze in sehr weiten Temperaturgrenzen genau folgenden: Wasserstoff, Sauerstoff, Stickstoff, Stickoxyd, Kohlenoxyd, Luft, gelten können — welche man auch permanente Gase nennt —, haben den gleichen Ausdehnungscoefficienten. Derselbe beträgt nach den genauesten Messungen von Rudberg, Magnus und Regnault 0.003665, das ist nahezu $1/273$. — Dieses Gesetz heisst das Gay - Lussac'sche Gesetz.

Es ist klar, dass, wenn die Ausdehnung eines Gases mit steigender Temperatur gewaltsam gehindert wird, der Druck des Gases steigen muss. Ist die Ausdehnung eine ungehinderte, also $v_t = v_0 (1 + \alpha t)$, so kommt diesem Volumen der ursprüngliche Druck p_0 zu. Wird aber diese Masse bei der Temperatur t gewaltsam im Volumen v_0 gehalten, so ergiebt sich der dann herrschende Druck p_t nach dem Mariotte'schen Gesetz aus der Gleichung: $v_t p_0 = v_0 \cdot p_t$.

Durch Einsetzung des Wertes von v_t folgt hieraus:

$$p_t = p_0 (1 + \alpha t) = p_0 + p_0 \cdot \alpha \cdot t.$$

Es ist also bei gleichbleibendem Volumen die Druckvermehrung ebenfalls proportional der Temperaturerhöhung, und
der Spannungscoefficient, welcher den Bruchtheil des Druckes
bei 0^0 angiebt, um welchen der Druck für die Temperaturerhöhung von 1^0 wächst, ist ebenfalls für alle permanenten
Gase gleich, und zwar gleich ihrem Ausdehnungscoefficienten $1/_{273}$.

Dieses aus der Combination des Mariotte'schen mit dem
Gay-Lussac'schen Gesetze entstandene Gesetz heisst: das
Mariotte-Gay-Lussac'sche Gesetz.

71. Die Ausdehnung der Körper mit zunehmender Erwärmung ist nach der modernen Anschauung über das Wesen
der Wärme (cfr. § 66) leicht verständlich, da die zunehmende
Bewegung der Molecüle, ihre vermehrte kinetische Energie,
sie in grössere Abstände von einander bringen muss. Dass
das Wasser unterhalb 4^0 ein umgekehrtes Verhalten zeigt,
kann man sich so erklären, dass die Molecüle sich in bestimmter
regelmässiger Weise ordnen, so dass sie, obwohl die einzelnen
näher zusammenrücken, grössere Hohlräume einschliessen;
man kann dies um so eher annehmen, als ja im Eise. welches
aus Krystallen besteht, thatsächlich die Molecüle in regelmässiger Weise angeordnet sein müssen. — Doch ist Wasser
nicht der einzige Stoff, welcher sich mit steigender Temperatur zusammenzieht; auch andere Körper zeigen dieses
Verhalten, das feste Jodsilber z. B. und zwar in krystal-
lisirtem und krystallinischem Zustande ebensowohl als in
amorphem. —

Nach unserer Anschauung sind auch die Erscheinungen
erklärlich, dass eine Compression von einer Steigerung der
Temperatur, eine Ausdehnung von ihrer Abnahme begleitet
ist; denn im ersten Falle ist Arbeit geleistet worden, um die
Molecüle zu nähern, ihre potentielle Energie zu vermindern,
folglich muss ihre kinetische Energie, ihre Temperatur,
wachsen; im anderen Falle sind die Molecüle von einander
entfernt, ihre potentielle Energie ist gewachsen, mithin muss
ihre kinetische Energie, ihre Temperatur, sinken.

Die Gase als thermometrische Substanz.

72. Nach unserer Anschauung vom Wesen der Wärme müsste die Temperaturzunahme durch die Zunahme der kinetischen Energie der Molecüle gegeben sein. Da nun die Gase sich sämmtlich um den gleichen Betrag ausdehnen, so liegt die Annahme nahe, dass bei ihnen nur die Arbeit der Fortschiebung des äusseren Druckes geleistet werden muss, indem die Molecüle bereits so weit von einander abstehen, dass die anziehenden Molecularkräfte verschwindend klein sind, und somit die gegen diese zu leistende Arbeit auch nicht ins Gewicht fällt.

Die viel geringere und verschiedene Ausdehnung der flüssigen und festen Körper würde sich dann dadurch erklären, dass bei ihnen eine ziemlich erhebliche Arbeit gegen die anziehenden Molecularkräfte geleistet werden muss. Nach dieser Anschauung müssten die Gase sich dann aber ganz gleichmässig mit der Temperatur ausdehnen. Um dieses zu erreichen, wählt man die Gase als thermometrische Substanz, wozu auch schon ihre gleiche Ausdehnung hinführt, misst die Temperatur also durch die Ausdehnung etwa der Luft. Der Satz: Die Gase dehnen sich zwischen -25^{0} und $+200^{0}$ fast gleichmässig aus, verändert sich dann in den, dass das Quecksilber sich zwischen diesen Grenzen fast ganz gleichmässig ausdehnt. Deshalb genügen auch die Quecksilberthermometer zur Messung gewöhnlicher Temperaturen. Für sehr genaue Zwecke müssen sie jedoch mit dem Luftthermometer verglichen werden. In diesem misst man die Temperatur aber nicht durch die Ausdehnung einer Luftmenge, sondern der Bequemlichkeit halber durch ihre Druckzunahme bei unverändertem Volumen, was ja zufolge des Mariotte-Gay-Lussac'schen Gesetzes das Resultat nicht ändern kann.

Absolute Temperatur.

73. Hiernach ist analog der früheren Definition die Temperaturzunahme um 1^{0} gemessen durch $^{1}/_{100}$ derjenigen Volum- (oder Druck-)zunahme, welche eine Luftmasse erfährt, wenn sie bei gleichbleibendem Druck (oder bei gleichbleibendem Volumen) von der Temperatur des schmelzenden

Eises auf die des siedenden Wassers erwärmt wird. — Die positiven Temperaturgrade kann man selbstverständlich beliebig weit zählen, die negativen aber, da der Ausdehnungs- (resp. Spannungs)coefficient $^1/_{273}$ ist, nur bis — 273 °. Nach unserer Anschauung heisst dies, bei der Temperatur — 273° haben die Gasmolecüle keine kinetische Energie, befinden sich also in vollkommener Ruhe.

Man zählt häufig die Temperaturen von dieser als dem Nullpunkt und bezeichnet die so gezählten Temperaturen T als die absoluten, — 273 ° als den absoluten Nullpunkt, so dass die absoluten Temperaturen 273 ° mehr als die gewöhnlichen betragen, also $T^0 = 273^0 + t^0$ ist. Mit dieser Bezeichnungsweise nehmen die Gasgesetze eine besonders einfache Gestalt an.

Das Mariotte-Gay-Lussac'sche Gesetz war durch die Gleichung ausgedrückt:

$$p_t . v_0 = v_t . p_0 \text{ oder } p_t . v_0 = v_0 . p_0 (1 + \alpha t).$$

Aendert man nun links Druck und Volum in beliebiger Weise, so bleibt das Produkt, wenn man nur die Temperatur konstant lässt, doch konstant; man kann daher die Indices fortlassen und erhält als Beziehung zwischen Druck, Volum und Temperatur einer Gasmasse, wenn die Indices 0 sich auf 0° beziehen:

$$p . v = p_0 . v_0 (1 + \alpha t) = p_0 . v_0 \left(\frac{273}{273} + \frac{t}{273} \right) = \frac{p_0 . v_0}{273} (273 + t).$$

Bezeichnet man die Constante $\dfrac{p_0 . v_0}{273}$ mit R, so entsteht die Gleichung:

$$p . v = R . T$$

als Ausdruck des Mariotte'schen Gesetzes (für $T = $ const.), des Mariotte-Gay-Lussac'schen (für p oder $v = $ const.), welches demnach aussagt, dass das Produkt aus Druck und Volum, also auch jede dieser Grössen bei gleichbleibender anderer, der absoluten Temperatur proportional ist.

74. In der kinetischen Gastheorie wird die Gleichung dieser Gesetze aus der erwähnten Anschauung über die Con-

Anderer Ausdruck des Mariotte-Gay-Lussac'schen Gesetzes.

Das Avogadro'sche Princip.

stitution der Gase aus bewegten Molecülen auf mathematischem Wege abgeleitet; ebenso ergiebt sich aus diesen Voraussetzungen durch rein mathematische Folgerungen der wichtige Avogadro'sche Satz, dass unter gleichen Verhältnissen, also bei gleichem Druck und gleicher Temperatur in gleichen Voluminibus der verschiedensten Gase gleich viele Molecüle enthalten sind.

C. Specifische Wärme.

Die Calorie. 75. Obwohl nach der modernen Anschauung ein Zuwachs an Wärme einen Zuwachs an Energie bedeutet, spricht man gemäss der früheren Anschauung von der stofflichen Natur der Wärme, weil es in vielen Fällen bequemer ist, von Wärmemengen. Man definirt als Einheit der Wärmemenge, Calorie, diejenige, welche 1 Kilo Wasser von 0^0 auf 1^0 erwärmt; doch muss man sich gegenwärtig halten, dass dies durch Aufwendung einer gewissen Arbeit geschieht, die Calorie also ein Arbeitsquantum ist (cfr. § 80).

Richmann'sche Regel. Mischt man zwei verschieden heisse Mengen desselben Stoffes mit einander, so muss nach dem Energieprinzip die von der einen abgegebene Wärme von der andern aufgenommen sein. Sind daher P und p die Mengen der Substanz, T und t ihre Temperaturen, Θ ihre Mischtemperatur, so muss die Gleichung bestehen: $P(T - \Theta) = p(\Theta - t)$.

Man darf natürlich nicht vergessen, dass dieses Gesetz, wie alle physikalischen, rein experimentell begründet ist, wenn man es auch scheinbar aus der Hypothese, welche auf ihm mit beruht, durch Deduction ableitet.

Wärmecapacität und specifische Wärme. 76. Obige Gleichung findet nicht statt, wenn P und p Mengen zweier verschiedenen Substanzen sind. Das Energiegesetz verlangt daher, alsdann anzunehmen, dass die Wärmemengen, welche je 1 Kilo dieser Substanzen zu seiner Erwärmung bedarf, verschieden sind. Man nennt dieselben die Wärmecapacitäten der betreffenden Substanzen. Bezeichnet man dieselben mit c und c_1, so muss demnach die Gleichung bestehen:

$$P \cdot (T - \Theta) \cdot c = p \, (\Theta - t) \cdot c_1.$$

Da alle in dieser Gleichung vorkommenden Grössen ausser c und c_1 der Beobachtung zugänglich sind, so kann man aus der Gleichung das Verhältniss $\dfrac{c}{c_1}$ bestimmen. Bezieht sich c_1 auf Wasser, so dass also $c_1 = 1$ Calorie ist, so bestimmt man direkt die Grösse c. Ihr Verhältniss zu der Wärmecapacität des Wassers, 1 Calorie, nennt man die specifische Wärme der betreffenden Substanz. Wie man sieht, muss dieselbe mit der Wärmecapacität stets der Zahl nach zusammenfallen, nur dass diese Calorieen, also eine Energie oder Arbeit bedeutet, während jene als Verhältnisszahl stets unbenannt ist.

Ausser durch Mischung einer Substanz mit Wasser kann man ihre specifische Wärme auch durch das Eiscalorimeter bestimmen. Hierbei wird die von der Substanz abgegebene Wärme zum Schmelzen von Eis benutzt (siehe § 84). Da man die zum Schmelzen des Eises nöthige Wärme kennt, so kann man aus der Temperaturerniederigung den Schluss auf die Wärmecapacität machen.

77. Die specifischen Wärmen der Substanzen sind ungemein verschieden; doch hat sich folgendes Gesetz ergeben: Das Dulong-Petit'sche Gesetz.

Die specifischen Wärmen der chemisch festen Grundstoffe verhalten sich umgekehrt wie ihre Atomgewichte.

Oder:

Das Produkt aus specifischer Wärme und Atomgewicht ist bei den chemisch festen Grundstoffen nahezu constant.

Setzt man statt der specifischen Wärme die Wärmecapacität ein, so bedeutet jenes Produkt diejenige Wärmemenge, welche nöthig ist, damit die Masse eines Atoms um 1° erwärmt wird; man hat dieselbe als Atomwärme be-

zeichnet und daher obiges Gesetz auch folgendermassen ausgedrückt:

Die Atomwärmen der chemisch festen Grundstoffe
sind constant.

Uebrigens schwanken die specifischen Wärmen etwas mit
der Temperatur, am meisten bei den früher als Ausnahmen
von dem Dulong-Petit'schen Gesetze genannten Stoffen:
Kohle, Bor, Silicium. Bei ihnen nimmt die specifische Wärme
mit der Temperatur beständig zu, bis sie bei sehr hohen
Temperaturen (für Kohle und Bor fast 600°, für Silicium
gegen 200°) nahezu constant wird. Dann aber erfüllen sie
auch die Bedingung des genannten Gesetzes.

Erweiterung desselben für Gase.

78. Bei Gasen gilt, wenigstens innerhalb bestimmter
Gruppen, eine ähnliche Beziehung. Für die Gruppe der permanenten Gase (cfr. § 70) gilt nämlich das Gesetz, dass die
specifischen Wärmen sich umgekehrt verhalten wie ihre
Dichten; da nun die Dichten sich verhalten wie die Molecular-
gewichte — in gleichen Voluminibus sind ja nach Avogadro's
Satz gleich viele Molecüle enthalten, so dass auf jedes derselbe aliquote Theil des ganzen Gewichts in allen Gasen
kommt —, so folgt auch hier die Constanz des Produktes aus
specifischer Wärme und Moleculargewicht, also der Satz:

In den permanenten Gasen ist die Molecular-
wärme constant.

Bestimmung der speci- fischen Wärme der Gase.

79. Die Bestimmung der specifischen Wärme der Gase
geschieht durch einen Versuch, welcher quasi als Mischversuch
gelten kann: Eine bestimmte Menge des erwärmten Gases
wird vermittelst eines Schlangenrohres durch ein Wasser-
calorimeter geleitet. Sind die Mengen, sowie die Anfangs-
und Endtemperaturen genau beobachtet, so lässt sich die gesuchte specifische Wärme aus derselben Gleichung, wie früher,
berechnen.

Begriff der specifischen Wärme bei constantem Volumen.

Bei einem solchen Versuche hat das Gas, da es seinen
Druck bewahrt, natürlich sein Volumen geändert. Man bezeichnet daher die so gefundene specifische Wärme als solche
bei constantem Druck, c_p. Natürlich kann man auch eine

Gasmasse erwärmen, welche man in einem bestimmten Raum eingeschlossen hat, so dass ihre Ausdehnung gehindert ist, wobei freilich der Druck sich vergrössert. Die hierbei zur Erwärmung eines Kilo um 1^0 nöthige Wärmemenge heisst die Wärmecapacität, ihr Verhältniss zu der des Wassers die specifische Wärme des Gases bei constantem Volumen, c_v.

Die direkte Bestimmung derselben durch einen Mischversuch ist bisher nicht gelungen, weil die von dem Gase dabei abgegebene oder aufgenommene Wärmemenge gegen diejenige, welche sein Gefäss abgiebt oder aufnimmt, vollkommen verschwindet, also nur die specifische Wärme des letzteren bestimmt wird. Deshalb ist man zur Bestimmung der specifischen Wärme der Gase bei constantem Volumen auf indirekte Methoden angewiesen.

80. Zunächst ist klar, dass die gesuchte Grösse c_v kleiner sein muss, als die Wärmecapacität bei constantem Druck c_p. Denn beide stellen den Energiezuwachs dar, welchen ein Kilo des Gases bei Erwärmung um 1^0 erfährt; im zweiten Falle aber ist noch eine Arbeit geleistet, welche auch nur durch Zuführung von Energie in der Form von Wärme möglich war, nämlich die Fortschiebung des sich gleich bleibenden Druckes p um die Strecke, um welche das Volumen sich ausdehnt. Erwärmt man z. B. die Volumeinheit in der Form eines Würfels um 1^0, so beträgt die lineare Ausdehnung genau so viel wie die cubische, nämlich $\alpha = {}^1\!/_{273}$, die geleistete Arbeit also, welche in der Fortschiebung des Druckes p um diese Strecke besteht, beträgt $p \cdot \alpha$.

Beziehung zwischen Cv und dem Arbeitsäquivalent der Wärme.

Ist nun die Dichte des Gases, also die in der Volumeinheit enthaltene Menge, d, so ist die zur Erwärmung nöthige Wärmemenge $d \cdot c_p$, während sie nur $d \cdot c_v$ Calorieen beträgt, wenn die Arbeit $p \cdot \alpha$ nicht geleistet wird. Daher genügt die Differenz $d\,(c_p - c_v)$ Calorieen zur Leistung der Arbeit $p \cdot \alpha$.

Bezeichnet man die Arbeit, welche durch eine Calorie repräsentirt ist, also die Arbeit, welche aufgewendet werden muss, um die kinetische Energie der Molecüle eines Kilo Wasser so zu erhöhen, dass dessen Temperatur von 0^0 auf 1^0 steigt, mit A, so besteht demnach die Gleichung:

$$d \ (c_p - c_v) \,.\, A = p \ \ \alpha.$$

In dieser Gleichung sind die Grössen ausser c_v und A der Beobachtung zugänglich. Ist daher A anderweitig bekannt (cfr. § 82), so geht c_v aus dieser Rechnung hervor.

Beziehung zwischen c_v und der Schallgeschwindigkeit. 81. Die gebräuchlichste Methode zur Bestimmung von c_v ist die durch Bestimmung der Schallgeschwindigkeit mit Hülfe der Kundt'schen Röhren (cfr. § 54). Es ist bereits erwähnt worden, dass die von Newton für diese Geschwindigkeit aufgestellte Formel zu einem falschen Resultate führte. La Place machte darauf aufmerksam, dass zufolge der Art der Schallfortpflanzung durch die Luft abwechselnd sehr schnell, entsprechend der Schwingungszahl, Verdichtungen und Verdünnungen der Luft auf einander folgen müssen; hierbei müssen dann aber ebenso schnell abwechselnd Erwärmungen und Abkühlungen eintreten. Haben nun c_p und c_v verschiedene Werthe, so folgt aus theoretischen Betrachtungen, dass dann der Newton'sche Ausdruck unter der Wurzel noch mit dem Quotienten $\dfrac{c_p}{c_v}$ zu multipliciren ist. La Place bezeichnete diesen Quotienten mit k, welche Bezeichnung sich für diesen sogenannten La Place'schen Factor erhalten hat. Die modificirte Newton'sche Formel nimmt dann die Form an:

$$v = \sqrt{\frac{g \,.\, h \,.\, d}{\Delta} \,.\, k}.$$

Da hierin alle Grössen ausser k der Beobachtung zugänglich sind, so kann k und somit nach Kenntniss von c_p auch c_v hieraus bestimmt werden.

Befriedigender wird die Rechnung allerdings noch, wenn man auch k unabhängig bestimmen könnte und damit den beobachteten Werth der Schallgeschwindigkeit in Luft erhielte, da dann Theorie und Erfahrung übereinstimmen würden. In der That ist dies durch eine von Clément und Désormes zu Anfang dieses Jahrhunderts angewendete Methode gelungen, auf die wir jedoch nicht eingehen wollen.

Es sei noch bemerkt, dass für diejenigen Gase, für welche c_p constant ist (cfr. § 78), auch k den constanten Werth 1,41 hat.

82. Die in § 80 aufgestellte Gleichung rührt von Julius Robert Mayer her; doch ist sie nicht in derselben Weise zur Ermittelung von c_v gewonnen worden, sondern der empirischen Natur der physikalischen Forschung entsprechend ging Mayer von der nicht a priori, sondern erfahrungsmässig bekannten Thatsache aus, dass bei allen Gasen c_v kleiner als c_p war. Um diese Thatsache zu erklären, nahm er an, dass Wärme eine Form der Energie sei, und benutzte die nun folgende Ableitung der Gleichung, um die Grösse A zu berechnen. Er wurde so der Begründer der mechanischen Wärmetheorie, welche unseren Ableitungen zu Grunde lag, da wir stets das Energiegrinzip als auch zwischen Wärme und Arbeit bestehend annahmen. Man nennt diesen Satz den ersten Hauptsatz der mechanischen Wärmetheorie. Die Grösse A, welche den Arbeitswerth einer Calorie darstellt, heisst das mechanische Aequivalent der Wärme; dasselbe beträgt in den Einheiten, nach welchen man in der Technik gewöhnlich rechnet, 424 Kilogrammmeter.

Ausser von Mayer ist diese Grösse wenig später und unabhängig von Joule durch eine Reihe sinnreicher Experimente bestimmt worden.

83. Der Vollständigkeit wegen sei noch bemerkt, dass Wärme und Arbeit nicht vollständig äquivalent sind, indem zwar durch Arbeit ohne jede Nebenbedingung Wärme erzeugt werden kann, die umgekehrte Verwandlung von Wärme in Arbeit jedoch nur möglich ist, wenn gleichzeitig dabei Wärme von einem wärmeren auf einen kälteren Körper übergeht, also ein Temperaturausgleich stattfindet. Dieser Satz ist ein Specialfall desjenigen, welchen man als zweiten Hauptsatz der mechanischen Wärmetheorie bezeichnet.

Erster Hauptsatz.

Zweiter Hauptsatz.

D. Schmelzen und Verdampfen.

Der Schmelz- und Verdampfungsvorgang.

84. Führt man den Körpern beständig neue Wärme zu, so ändern sie ihren Aggregatszustand: Die festen werden flüssig, die flüssigen luftförmig. Das Umgekehrte findet bei Wärmeentziehung statt. Dieser Uebergang aus dem einen in den anderen Aggregatzustand findet aber für jeden Körper stets nur bei einer bestimmten Temperatur statt. Zunächst aber dient die zugeführte Wärmemenge dazu, die Temperatur des Körpers schneller oder langsamer, wie es seine Wärmecapacität bedingt, bis zu dieser bestimmten, seiner Schmelztemperatur, zu erhöhen. Das Eigenthümliche des Vorgangs ist nun, dass, sowie das Schmelzen des Körpers beginnt, seine Temperatur constant bleibt und erst wieder steigt, wenn er vollständig geschmolzen ist.

Nach unserer Anschauung erklären wir uns diesen Vorgang, indem wir annehmen, dass im geschmolzenen Zustande die Theilchen eines Körpers grössere Entfernungen von einander haben, als im festen — thatsächlich ist ja auch das Volumen grösser —, und dass sie infolge dessen auch grössere potentielle Energie besitzen; um an ihnen diese zu erzeugen, ist Energieaufwand nöthig, und diesen liefert die zugeführte Wärmemenge. Die sogenannte latente Schmelzwärme ist demnach die Differenz an molecularer Energie in einem Kilo der Substanz in flüssigem und festem Zustande.

Der Vorgang der Verdampfung spielt sich ganz analog ab und wird demnach auch analog erklärt.

Bei den umgekehrten Vorgängen des sich Niederschlagens von Dämpfen und des Frierens von Flüssigkeiten werden die beim Verdampfen und Schmelzen verbrauchten Wärmemengen wieder frei.

Bestimmt werden diese Mengen am einfachsten durch Mischversuche, indem nach Beobachtung der Temperaturen und Kenntniss der specifischen Wärmen die unbekannte Schmelz- oder Verdampfungswärme sich durch eine leichte Rechnung ergiebt.

85. Gefrier- und Siedetemperatur einer Flüssigkeit hängen auch vom Drucke ab, unter welchem dieselbe steht. Im Allgemeinen wird der Gefrierpunkt durch vermehrten Druck etwas erhöht, während der des Wassers, welches ja auch sonst durch sein Verhalten eine Ausnahme bildet (cfr. § 69) ein wenig erniedrigt wird.

Bedeutender sind die Aenderungen, welche die Siedetemperatur durch Druckänderungen erfährt; sie erhöht sich recht merkbar bei gesteigertem Druck.

Der Dampf, welcher aus einer siedenden Flüssigkeit aufsteigt, unterscheidet sich wesentlich von einem ideellen Gase. Er übt nämlich genau den Druck aus, unter welchem die siedende Flüssigkeit steht, und bewahrt denselben, auch wenn das Volumen, welches er anfüllen kann, vermehrt wird, so lange er noch mit seiner Flüssigkeit in Berührung steht, indem alsdann weitere Flüssigkeit verdampft; beim Comprimiren schlägt sich etwas Dampf nieder, und der Druck (die Spannkraft) des Dampfes bleibt ungeändert.

Solche Dämpfe, welche mit ihrer Flüssigkeit in Berührung stehen, und deren Spannkraft nur von der Temperatur, nicht vom Volumen abhängt, heissen gesättigte Dämpfe im Gegensatz zu den ungesättigten Dämpfen oder Gasen.

Durch Druckvermehrung können alle Gase, auch die sogenannten permanenten, in den Zustand eines gesättigten Dampfes übergeführt, d. h. condensirt werden; aber dies kann nicht bei jeder beliebigen Temperatur geschehen, sondern es existirt für jedes Gas eine bestimmte, die kritische Temperatur genannte, oberhalb deren das Gas niemals in den Zustand des gesättigten Dampfes kommt. Die kritische Temperatur ist für verschiedene Gase verschieden, für die permanenten liegt sie sehr tief, z. B. für Sauerstoff in der Nähe von — 130°.

86. Beim Lösen eines festen Körpers in einer Flüssigkeit wird derselbe in den flüssigen Zustand übergeführt, mithin wird Wärme verbraucht. (Die bei manchen Lösungen entstehende Wärme ist stets auf chemische Processe zurück-

zuführen.) Der Gefrierpunkt einer Lösung liegt im Allgemeinen oft sogar erheblich tiefer, als derjenige der reinen Flüssigkeit, weswegen man ein Gemisch von Schnee und Salz zum Schmelzen des Schnees benutzen kann. Der Siedepunkt der Lösung liegt dagegen höher, als derjenige der reinen Flüssigkeit. Damit im Zusammenhang steht die Thatsache, dass die Spannkraft des aus der Lösung entstandenen Dampfes geringer ist als desjenigen aus der reinen Flüssigkeit erzeugten. So ist die des Wasserdampfes bei 100^0 gleich 76 cm Quecksilberdruck pro 1 qcm, bei 108^0 ungefähr gleich 100 cm, dagegen die Spannkraft des Wasserdampfes, welcher aus einer gesättigten Kochsalzlösung herrührt, welche bei 108^0 siedet, obwohl es sich auch hier um reinen Wasserdampf handelt, erst bei 108^0 gleich 76 cm, bei 100^0 geringer.

Dalton'sches Gesetz. 87. Ist der Raum, in welchen hinein eine Flüssigkeit verdampft, bereits mit einem Gase gefüllt, so wird dadurch das Spannkraftsmaximum, bis zu welchem er kommt, nicht geändert, es ist also die Fähigkeit des Raumes, Dampf einer bestimmten Substanz von bestimmtem Druck und bestimmter Temperatur aufzunehmen, durch die Gegenwart anderer Dämpfe und Gase nicht alterirt (Dalton'sches Gesetz).

Dampfdichte. 88. Unter der Dichte eines Dampfes oder Gases versteht man, wie bei jedem anderen Körper, die in der Volumeinheit enthaltene Menge (cfr. § 33). (Nur das specifische Gewicht kann man auf eine andere Substanz, Luft oder Wasserstoff, beziehen.) Da aber bei verschiedener Temperatur und verschiedenem Druck diejenige Menge, welche denselben Raum einnimmt, sehr verschieden ist, so bezieht man sämmtliche Dampfdichten auf die gleiche Temperatur (0^0 C.) und den gleichen Druck (76 cm Quecksilber). Freilich sind unter diesen Verhältnissen nicht sämmtliche Körper im Gaszustande vorhanden; aber die Dampfdichten reducirt man doch hierauf, indem man für die Rechnung annimmt, dass die betreffenden Substanzen bis zu diesen Verhältnissen den vollkommenen Gaszustand bewahren.

Die Bestimmung geschieht, indem man die einen ge-

messenen Raum anfüllende Menge wägt (Dumas'sche Methode),
oder indem man eine gewogene Menge im Vacuum verdampfen
lässt und so auch ihr Volumen im Gaszustande erhält (Hof-
mann'sche Methode).

E. Fortpflanzung der Wärme.

89. Die Fortpflanzung der Wärme geschieht durch das *Wärmestrah-lung.*
Vacuum hindurch, welchen Vorgang man Strahlung nennt
(cfr. § 65). Zur Erklärung dieser Strahlung durch den leeren
Raum ist, wie früher ausgeführt, der hypothetische Aether
angenommen (cfr. § 67), dessen Wellenbewegung die Wärmefortpflanzung vermittelt. Die Gesetze der Wellenbewegung,
welche in den §§ 41—49 dargestellt sind, also die Reflexion
und Brechung, die Interferenz und Beugung der Strahlen,
lassen sich experimentell an den Wärmestrahlen in ähnlicher
Weise, wie es für die Lichtstrahlen geschieht, nachweisen.
Auch die später noch zu besprechenden Erscheinungen der
Polarisation und Doppelbrechung der Lichtstrahlen können an
den Wärmestrahlen nachgewiesen werden.

90. Ausser durch Strahlung pflanzt sich die Wärme *Wärmeleitung.*
auch durch Leitung fort, und zwar sowohl bei Berührung
zweier Körper von der wärmeren zur kälteren Oberfläche
(äussere Wärmeleitung), als auch von dem einen zum andern
Ende desselben Körpers (innere Wärmeleitung). Die durch
den Querschnitt in der Zeiteinheit gehende Wärmemenge ist
in nicht zu weiten Grenzen der Temperaturdifferenz direct,
der Länge des Körpers indirect proportional. Werden die
betreffenden Grössen (Querschnitt, Länge, Temperaturdifferenz)
gleich 1 gemacht, so nennt man jene Wärmemenge den
Wärmeleitungscoefficienten; derselbe misst das Wärmeleitungsvermögen der betreffenden Substanzen. Am grössten
ist es in den Metallen, im Verhältniss zu denen es in den
übrigen festen Körpern gering ist; noch geringer ist es in
Flüssigkeiten, und in den Gasen, von welchen Wasserstoff

das grösste Leitungsvermögen besitzt, ist es so gering, dass man vielfach glaubte, die Gase pflanzen die Wärme durch Leitung überhaupt nicht fort.

Bemerkenswerth ist die Thatsache, dass die Dichte eines Gases auf seine Wärmeleitung ohne Einfluss ist; dieselbe ist in Luft, deren Dichte einem Drucke von 100 Atmosphären entspricht, genau so gross oder vielmehr so gering, als in Luft von der Dichte, welche dem Drucke von $\frac{1}{100}$ Atmosphäre oder auch von $\frac{1}{100}$ mm Quecksilber, also von $\frac{1}{76000}$ Atmosphäre, entspricht.

Optik.

A. Wesen des Lichtes.

Geradlinige
Ausbreitung
des Lichtes.

91. Das Licht ist, ebenso wie der Ton und die Wärme, eine Empfindung. Diejenigen Körper, durch welche die Lichtempfindung in uns erregt wird, nennen wir mehr oder weniger in weissem oder farbigem Lichte leuchtend. Da dieselbe Empfindung erregt wird, von welcher Seite wir auch einen leuchtenden Körper betrachten, so sagen wir, er sendet das Licht nach allen Seiten gleichmässig aus. Stellen wir zwischen das Auge und den leuchtenden Körper einen anderen, so kommt die Empfindung bisweilen mehr oder weniger geschwächt, bisweilen gar nicht zu Stande, weswegen wir von mehr oder weniger durchsichtigen und undurchsichtigen Körpern sprechen; auch die letzteren sind in hinreichend dünnen Schichten durchsichtig. Bewegen wir das Auge hinter einem undurchsichtigen Körper, bis die gerade Verbindungslinie zwischen Auge und leuchtendem Punkte den Körper berührt, so kommt in diesem Momente erst die Lichtempfindung zu Stande, der Punkt wird vorher nicht sichtbar, wir können, wie wir sagen, nicht um die Ecke sehen; daher sagen wir, das Licht breitet sich geradlinig nach allen Seiten aus. Der letzte Satz ist übrigens nicht vollständig correct (cfr. § 118).

Licht eine
Form der
Energie.

92. Undurchsichtige Körper, welche, wie man sagt, das Licht absorbiren, erwärmen sich zum Theil bei dieser Absorption; umgekehrt können auch durch Wärmezufuhr Körper leuchtend werden. Noch andere Wirkungen können durch

die Absorption des Lichtes hervorgerufen werden. So werden einige Körper leuchtend in andersfarbigem Lichte, als das auffallende war (Phosphorescenz und Fluorescenz), in anderen gehen chemische Umwandlungen vor sich (in hervorragendem Maasse angewendet bei der Photographie), und einige gerathen in mechanische Bewegung (auf einer Seite geschwärzte Glimmerblättchen in luftverdünnten Räumen, die sogenannten Lichtmühlen). Es geht also von den leuchtenden Körpern etwas aus, das sich in verschiedene Energieformen umsetzt, mithin selbst eine Form der Energie ist. Wie bei der Wärme wird auch hier angenommen, dass diese Lichtenergie kinetische Energie schwingender Bewegung der kleinsten Theilchen ist.

Intensität des Lichtes.   93. Es ist selbstverständlich, dass die Intensität des Lichtes in dem quadratischen Verhältniss mit der Entfernung von der Lichtquelle abnimmt (cfr. § 41). Dieses Gesetz ermöglicht die Messung von Lichtintensitäten auf einfache Weise. Man beleuchtet z. B. einen Gegenstand mit dem zu untersuchenden Lichte und der Lichteinheit, so dass auf einer gegenüberliegenden Wand zwei Schatten entstehen. Man variirt nun die Entfernungen der Lichtquellen so, dass die Schatten gleich dunkel erscheinen, worauf man das Intensitätsverhältniss der Lichtquellen aus den gemessenen Entfernungen leicht erhält. Eine solche Vorrichtung heisst ein Photometer.

Sehr gebräuchlich ist auch das Fettfleckphotometer von Bunsen. Ein Fettfleck auf einem weissen Papierblatte lässt mehr Licht hindurch, als das übrige Papier, und erscheint daher hell auf dunklerem oder dunkel auf hellerem Grunde, je nachdem man ihn von hinten oder vorn beleuchtet. Bei Beleuchtung von beiden Seiten giebt es ein gewisses Entfernungsverhältniss, bei welchem der Helligkeitsunterschied des Fleckes gegen das übrige Papier verschwindet. Aus demselben kann man leicht das Intensitätsverhältniss der beiden Lichtquellen bestimmen.

Als Einheit der Intensität gelten in verschiedenen Ländern die von verschiedenen Normalkerzen ausgesendeten Intensitäten. Als absolute Intensitätseinheit ist diejenige vorgeschlagen worden, welche von 1 qcm Platin im Zustande der Weissglut ausgesendet wird.

94. Ist ein Körper dadurch leuchtend, dass seine Theilchen in heftiger schwingender Bewegung sind, so kann die Lichtempfindung nur zu Stande kommen, wenn ein Medium vorhanden ist, welches die Bewegung fortpflanzt, bis sie die Nervenenden in der Netzhaut des Auges trifft und erregt. Als dieses Medium wird wieder [der Aether angenommen. Auch Zeit muss dann nothwendig verfliessen während der Fortpflanzung dieser Bewegung von dem leuchtenden Punkte bis zu irgend einem anderen Punkte. Durch die Vervollkommnung unserer Instrumente ist es gelungen, diese Zeit selbst bei geringen Entfernungen zu messen. Wir wollen hier nur die älteste Methode der Messung der Fortpflanzungsgeschwindigkeit des Lichtes andeuten:

Olaf Römer (1675) bemerkte, dass die Verfinsterungen, welche der innerste Jupitersmond regelmässig in kurzen Zwischenräumen (ungefähr 42^h) erleidet, in ihrer Dauer und in ihrem Eintreffen etwas verzögert werden, wenn die Erde auf ihrer jährlichen Bahn von der Opposition (Stellung: Sonne, Erde, Jupiter) zur Conjunction (Stellung: Erde, Sonne, Jupiter) übergeht; die Verzögerungen werden aber während der entgegengesetzten Bewegung der Erde auf dem anderen Theile ihrer Bahn wieder ausgeglichen. Er erklärte diese Erscheinung dadurch, dass das eine Mal die Erde der Lichtbewegung voranläuft, das andere Mal ihr entgegenkommt. Aus dem Grad der Verzögerung, der von der Erde zurückgelegten Bahn und ihrer Geschwindigkeit lässt sich dann leicht die Geschwindigkeit des Lichtes berechnen. Aus dieser sowie aus verschiedenen anderen Methoden ergiebt sich für die Lichtbewegung eine Geschwindigkeit von ungefähr 300 000 km.

B. Reflexion und Brechung des Lichtes.

95. Die in § 44 abgeleiteten Sätze über Reflexion und Brechung von Wellenbewegungen gelten natürlich auch für die Lichtwellen. Hierbei ist noch eine eigenthümliche Erscheinung zu erwähnen. Fällt ein Strahl auf die Grenzfläche eines Mediums, in welcher er vom Einfallslote abgebrochen wird, so giebt es einen Grenzwinkel, für welchen eine Brechung nicht mehr möglich ist (Fig. 25). Während also alle unter

Totale Reflexion.

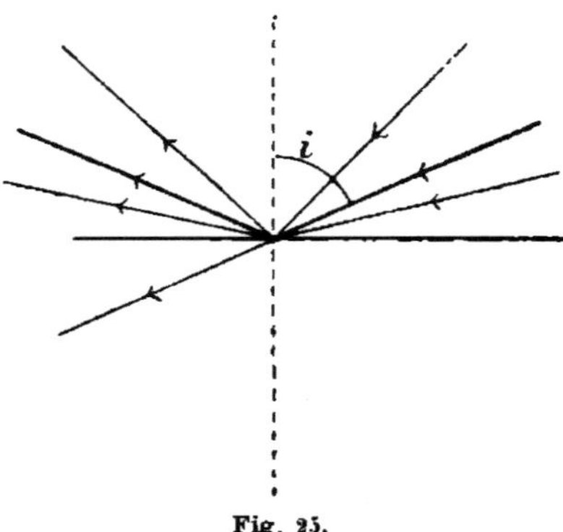

Fig. 25.

kleinerem Winkel, als i, auffallenden Strahlen zum Theil in das zweite Medium eindringen, werden alle unter grösserem Winkel auffallenden vollständig reflectirt. Man nennt diese Erscheinung **totale Reflexion**.

Aus den Gesetzen der Brechung und Reflexion ergeben sich einige einfache Gesetze für die Bildbildung leuchtender Punkte und Gegenstände. Doch muss vor ihrer Darstellung der Begriff des Bildes kurz erläutert werden.

96. Im menschlichen Bewusstsein kommt die Empfindung eines leuchtenden Punktes zu Stande, wenn die Strahlen eines Kegels, der durch die Pupille eingedrungen ist, nach allen Brechungen an den verschiedenen brechenden Flächen des Auges auf der Netzhaut in einem Punkte zusammentreffen.

Gehen diese Strahlen wirklich von einem leuchtenden

Punkte aus, so sprechen wir auch von einem leuchtenden Punkte. Es ist bekannt, dass die Divergenz der Strahlen, welche das Auge treffen, verschieden sein kann, ohne dass der Schärfe des sichtbaren leuchtenden Punktes Eintrag geschieht; das Auge kann sich, wie man sagt, auf verschiedene Entfernungen akkomodiren. Zugleich ist klar, dass es für das Auge und die Lichtempfindung nicht von Belang sein kann, ob die Strahlen wirklich von einem leuchtenden Punkte herrühren oder nur eine entsprechende Richtung haben; im letzteren Falle sprechen wir von einem Bildpunkte, und zwar von einem reellen, wenn die Strahlen einen Punkt ausserhalb des Auges wirklich durchkreuzt haben, von einem virtuellen, wenn auch

Reelles und virtuelles Bild.

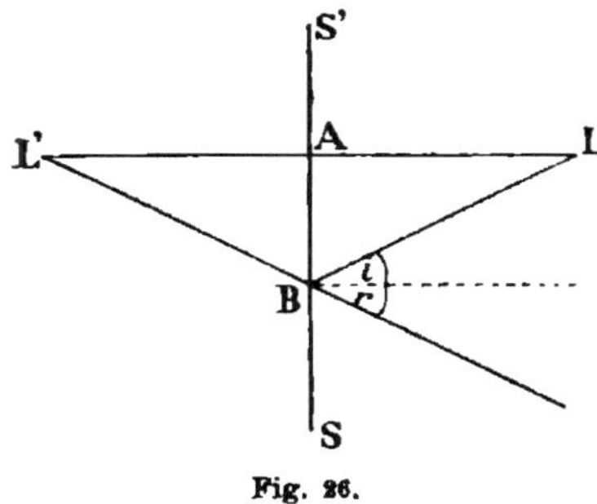

Fig. 26.

dies nicht der Fall ist, sondern nur ihre rückwärtigen Verlängerungen einen solchen Punkt treffen würden.

97. Ist L ein leuchtender Punkt (Fig. 26), SS' eine spiegelnde Ebene, so zeigt die Congruenz der Dreiecke $LAB \cong L'AB$, dass die rückwärtige Verlängerung jedes beliebigen Strahles LB sich mit der rückwärtigen Verlängerung des senkrechten Strahles LA in dem Punkte L' schneidet, wobei $LA = L'A$ ist. Daraus erkennt man, dass ein Planspiegel von einem leuchtenden Punkte stets ein virtuelles Bild entwirft, welches genau so weit hinter dem Spiegel steht, als der leuchtende Punkt vor demselben.

Der Planspiegel.

Auch von grösseren Objekten werden, wie man sofort sieht, virtuelle Bilder entworfen, welche, wie leicht zu erkennen, aufrecht stehen. Es mag bemerkt werden, dass dies ein allgemeines Kennzeichen virtueller Bilder ist, während die reellen Bilder irgend welcher Gegenstände stets umgekehrt stehen.

**Der Kugel-
spiegel.** 98. Stellt SS' (Fig. 27) eine spiegelnde Kugelfläche mit dem Centrum C vor, so zeigt eine ziemlich einfache geometrische Betrachtung, sofern nur der Winkel $S'CS$ klein ist, also nur nahe der Axe CP auffallende Strahlen betrachtet werden, dass parallel der Axe CP auffallende Strahlen nach der Reflexion in einem Punkte F in der halben Ent-

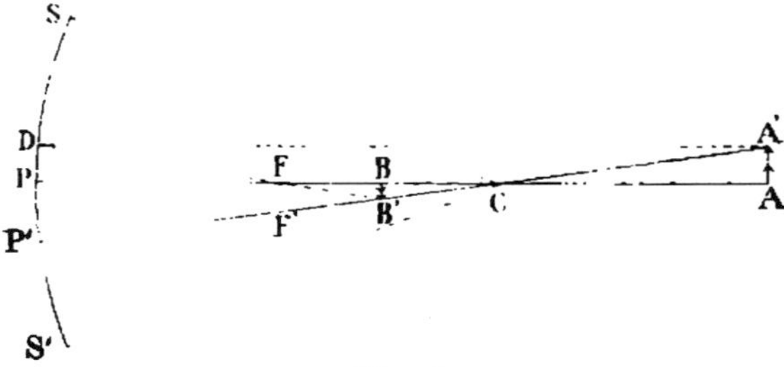

Fig. 27.

fernung des Centrums vom Scheitel P vereinigt werden Dieser Punkt heisst der Brennpunkt, die Strecke PF die Brennweite f.

Das Bild eines weiter heranrückenden Punktes rückt weiter fort; das Centrum wird in sich selbst zurückgespiegelt; die vom Brennpunkt ausgehenden Strahlen werden parallel der Axe reflektirt, die von einem innerhalb der Brennweite befindlichen Punkte werden divergent reflektirt und geben ein virtuelles Bild hinter dem Spiegel. Umgekehrt werden von einer convexen spiegelnden Kugelfläche die Strahlen eines davor befindlichen Lichtpunktes stets so divergent reflektirt, dass sie sich in einem virtuellen Bildpunkte hinter dem Spiegel innerhalb der Brennweite (der halben Radiuslänge) zu vereinigen scheinen.

Diese sämmtlichen Sätze sind, wenn man die Entfernung

des Lichtpunktes, PA, mit a bezeichnet, die des Bildpunktes PB mit b in der Formel enthalten:

$$\frac{1}{a} + \frac{1}{b} = \frac{1}{f}.$$

Für einen neben der Axe befindlichen Lichtpunkt A' spielt, wie man sofort sieht, die Linie $A'CP'$ die Rolle der Axe; daher entsteht auch von ihm ein Bildpunkt B' auf dieser Linie. Man erkennt somit, dass auch von einem leuchtenden Gegenstande AA' ein Bild BB' entsteht, welches unter der vorausgesetzten Bedingung der kleinen Oeffnung des Spiegels dem Gegenstande geometrisch ähnlich ist.

Die Construktion des Bildes wird durch den Strahl $A'D$ und seinen reflektirten DFB' gefunden.

Ist die Voraussetzung der kleinen Spiegelöffnung nicht mehr erfüllt, so entstehen starke Verzerrungen. Auch parallele Strahlen werden alsdann nicht mehr in einem Punkte vereinigt; die Schnittpunkte der benachbarten Strahlen fallen dann längs einer Linie (katakaustische Linie), welche durch besondere Helligkeit scharf hervortritt. Ihre herzförmige Gestalt ist bei jedem Fingerring leicht zu beobachten.

99. Die Brechung des Lichtes wird am besten an einem Prisma beobachtet. Haben wir nämlich ein Medium, welches von zwei parallelen Ebenen begrenzt wird, und trifft ein Lichtstrahl auf die eine Grenzfläche, so wird er zwar in dem Medium, etwa Glas, eine andere Richtung verfolgen; aber beim Austritt an der gegenüberliegenden Fläche wird er, wenn er hierbei in das erste Medium, etwa Luft, zurückkehrt, wieder seine ursprüngliche Richtung annehmen, wie aus den Geschwindigkeits- und Winkelverhältnissen leicht abgeleitet werden kann. Ist aber die Austrittsfläche der Eintrittsfläche nicht parallel, sondern schneiden sich dieselben in einer Kante (brechende Kante des Prismas), so sieht man leicht, dass beim Austritt eine weitere Ablenkung des Strahles stattfindet. Zwischen dem Winkel, unter welchem die genannten Flächen sich schneiden (brechender Winkel des Pris-

mas), der Gesammtablenkung des Strahles und dem Brechungsexponenten der Substanz des Prismas besteht natürlich eine
mathematische Beziehung, welche nach Beobachtung der beiden
betreffenden Winkel zur Berechnung des Brechungsexponenten
dienen kann.

Aus Symmetriegründen ist plausibel, dass diese mathematische Beziehung eine besonders einfache Gestalt annimmt,
wenn der gebrochene Strahl das Prisma symmetrisch durchsetzt (Fig. 28); die Stellung des Prismas, in welcher dies

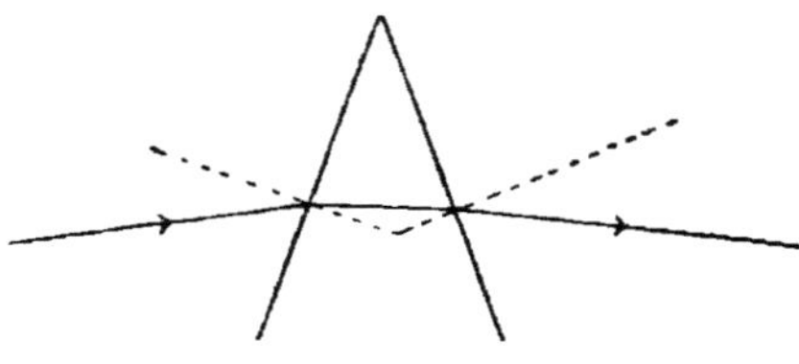

Fig. 28.

eintritt, benutzt man daher auch vorzugsweise zur Ermittelung des Brechungsexponenten; sie ist stets leicht zu finden,
weil sie physikalisch dadurch ausgezeichnet ist, dass bei ihr
der einfallende Strahl weniger abgelenkt ist, als bei jeder
anderen.

Um die Brechungsexponenten von flüssigen und gasförmigen Körpern zu bestimmen, kann man dieselben in Hohl-
prismen aus Glas füllen.

Brechung
durch Linsen.

100. Um durch Brechung Bilder zu erzeugen, bedient
man sich der Linsen, welche in den optischen Instrumenten
eine ausgedehnte Verwendung finden. Es sind das von zwei
Kugelflächen begrenzte Körper, zu deren beiden Seiten wir
dasselbe Medium (Luft) annehmen wollen. Machen wir dieselbe beschränkende Annahme, wie bei Kugelspiegeln (cfr. § 98),
setzen wir also voraus, dass der Oeffnungswinkel der Linse
klein ist, also alle Strahlen nahe der Axe auffallen, und vernachlässigen wir ferner die Linsendicke als unerheblich gegenüber den sonst in Betracht zu ziehenden Längen, so ergiebt
sich, dass die von einem leuchtenden Punkte ausgehenden

Strahlen nach dem Durchgange durch die Linse auch wieder die Richtung nach oder von einem Punkte haben, so dass also ein reelles oder virtuelles Bild des leuchtenden Punktes entsteht. Dasselbe liegt auf der Axe, wenn der Lichtpunkt auf der Axe liegt, auf der durch den Mittelpunkt und den Lichtpunkt gezogenen Geraden (Hauptstrahl oder Neben-axe genannt), wenn der Lichtpunkt neben der Axe liegt.

Auch hier entstehen daher von leuchtenden Gegenständen Bilder, welche innerhalb der angegebenen Grenzen den Gegen-ständen geometrisch ähnlich sind. Die Grössen der Bilder und Gegenstände verhalten sich, wie ihre Entfernungen von der Linse. Diese Entfernungen selbst stehen in derselben mathematischen Beziehung, wie beim Kugelspiegel, sind also durch die Formel verknüpft:

$$\frac{1}{a} + \frac{1}{b} = \frac{1}{f}.$$

f, Brennweite, bedeutet dabei, wie leicht ersichtlich, die Ver-einigungsweite paralleler Strahlen oder die Weite des Punktes, für welchen die von ihm ausgehenden resp. die nach ihm hingehenden Strahlen nach der Brechung durch die Linse parallel werden. Diese Grösse hängt ausser von den Krüm-mungen der beiden Linsenflächen noch von ihrer Substanz, also ihrem Brechungsexponenten, ab.

Um die Wirkung der verschiedensten Linsen durch obige Formel darstellen zu können, muss man die Strecken mit Vorzeichen versehen. Man zählt die Bild- und Brennweiten positiv, wenn sie hinter der Linse, negativ, wenn sie, wie der Gegenstand, vor der Linse liegen. Nach ihrer Wirkungs-weise ergeben sich dann zwei Typen von Linsen, diejenigen mit positiver und die mit negativer Brennweite.

Für die ersteren, welche äusserlich daran kenntlich sind, dass sie in der Mitte dicker sind, als am Rande, ergiebt sich ähnlich, wie beim Kugelspiegel, dass die parallelen Strahlen im Brennpunkt vereinigt werden, dass das Bild um so weiter fortrückt, je näher der Gegenstand heranrückt, dass der Gegenstand in der doppelten Brennweite ebensoweit hinter der Linse abgebildet wird, dass der Gegenstand in der Brennweite sein Bild unendlich weit hat, d. h. dass die Strahlen nach der Brechung parallel werden; rückt schliesslich der Gegenstand in den Raum innerhalb der Brennweite, so wird

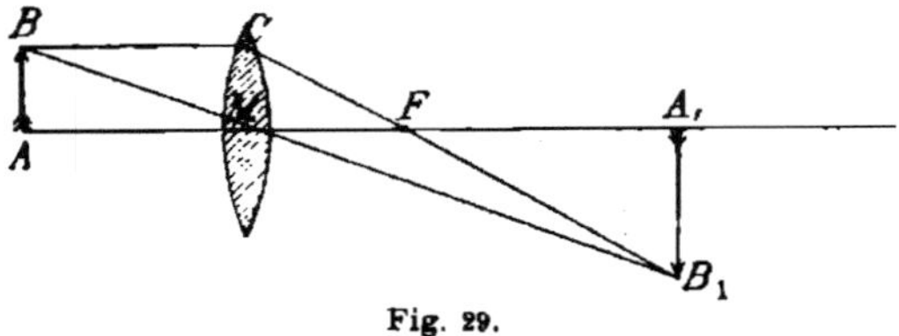

Fig. 29.

von ihm ein virtuelles Bild an derselben Seite, also vor der Linse, entworfen.

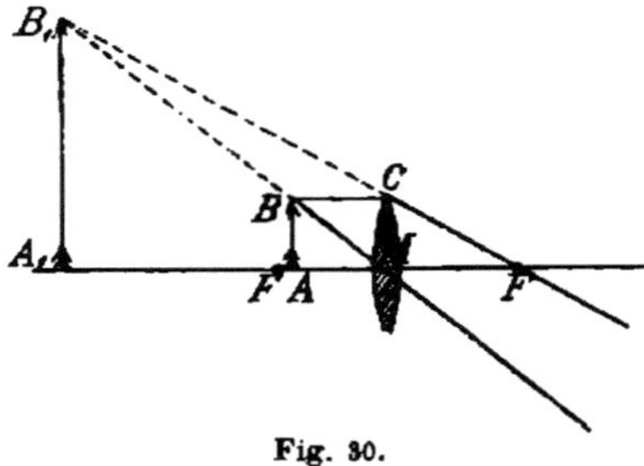

Fig. 30.

Das Gesagte soll durch Fig. 29 und 30 verdeutlicht werden, welche wohl ohne Weiteres verständlich sind.

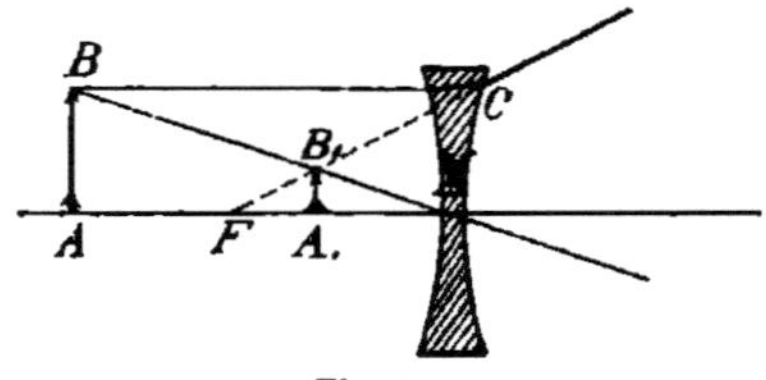

Fig. 31.

Die Linsen mit negativer Brennweite sind äusserlich daran kenntlich, dass sie in der Mitte dünner sind, als am Rande; sie entwerfen stets von davor befindlichen Gegenständen virtuelle Bilder, wie Fig. 31 veranschaulichen soll.

Convergent auffallende Strahlen machen sie weniger convergent, rücken also deren Vereinigungspunkt weiter hinaus; die nach dem Brennpunkte hin convergirenden Strahlen werden parallel gemacht, wie umgekehrt parallele Strahlen so divergent gemacht, zerstreut werden, als ob sie vom Brennpunkte herkämen (Fig. 32).

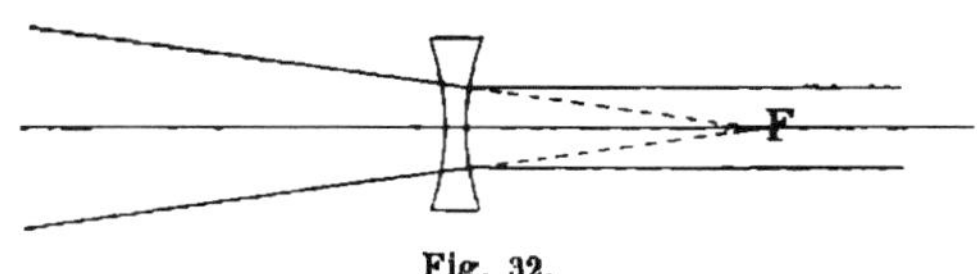

Fig. 32.

Man nennt daher diese Linsen Zerstreuungslinsen, ihre Brennweite auch Zerstreuungsweite, während die zuerst geschilderten Sammellinsen heissen.

101. Auf die genauere Ableitung dieser Gesetze, speciell auch ihre Modification, wenn die Linsendicke mit in Rechnung gezogen wird, muss im Rahmen dieses Grundrisses verzichtet werden. Ebenso auf die Darlegung der Bildbildung bei der Brechung durch mehrere brechende Kugelflächen, deren Mittelpunkte sämmtlich auf einer Geraden liegen (centrirtes System). Doch sollen wenigstens die wichtigsten maassgebenden Gesichtspunkte ganz kurz erörtert werden.

Man unterscheidet sechs sogenannte Cardinalpunkte:

a) Die beiden Brennpunkte, welche, wie früher, durch die Eigenschaft charakterisirt sind, dass die im ersten Punkte parallelen Strahlen im letzten durch den Brennpunkt gehen und umgekehrt.

b) Die beiden Hauptpunkte; sie sind Bilder von einander, und ebenso ist jeder Punkt in der Ebene des einen in der des andern in gleicher Entfernung von der Axe und an derselben Seite abgebildet.

c) Die beiden Knotenpunkte; sie sind durch die Eigenschaft charakterisirt, dass ein Strahl, welcher im ersten Medium die Richtung durch den ersten Knotenpunkt hat, im letzten Medium durch den zweiten geht.

Dieser Fall ist deswegen besonders wichtig, weil auch das **Auge** als ein solches centrirtes System aufzufassen ist. Doch muss hierfür auf die ausführlicheren Lehrbücher der physiologischen Optik verwiesen werden. Nur soviel sei hier erwähnt, dass die Empfindung des deutlichen Sehens eines Lichtpunktes zu Stande kommt, wenn auf der Netzhaut des Auges ein reelles Bild entsteht (cfr. § 96). Wie schon erwähnt, kann dieses bei verschiedener Divergenz der durch die Pupille eindringenden Strahlen geschehen, d. h. das Auge kann sich auf verschiedene Entfernungen **accommodiren**; doch giebt es für jedes Auge eine Grenze der Nähe, innerhalb deren eine Accomodation nicht mehr möglich ist. Dieser **Nahepunkt** oder diese **kleinste deutliche Sehweite** ist bei normalen Augen, deren Accomodationsgebiet unendlich gross ist, da sie auch parallel einfallende Strahlen noch auf einem Punkte der Netzhaut vereinigen, ungefähr 10—15 cm entfernt. Es giebt aber auch Augen, bei welchen der Nahepunkt weiter, sowie solche, bei denen er näher liegt. Erstere, weitsichtige Augen genannt, vereinigen von nahen Punkten kommende Strahlen nicht auf der Netzhaut, sondern hinter derselben, so dass die Netzhaut selbst in einem kleinen Kreise getroffen wird; um diesen Fehler zu corrigiren, setzt man eine Sammellinse vor das Auge, wodurch der Vereinigungspunkt der Strahlen auf die Netzhaut selbst gebracht wird. Die Augen, deren kleinste deutliche Sehweite sehr nahe liegt, sind nicht im Stande, sich auf einigermaassen entfernte Gegenstände zu accomodiren, sondern vereinigen die von solchen Punkten ausgehenden Strahlen schon vor der Netzhaut, so dass diese selbst wieder in einem kleinen Kreise getroffen wird. Solche Augen nennt man kurzsichtig; ihr Fehler wird durch eine vorgesetzte Zerstreuungslinse gehoben, durch welche der Vereinigungspunkt der Strahlen weiter nach hinten, in die Netzhaut, verlegt wird.

102. Auch das normale Auge bewaffnet sich mit Linsen, um kleine Gegenstände, deren Details in einiger Entfernung verschwinden, recht deutlich zu sehen.

Das einfache Mikroskop oder die Lupe besteht in einer einfachen Sammellinse von möglichst kleiner Brennweite; dadurch wird es ermöglicht, den Gegenstand bis in die Brennweite dieser Linse zu bringen und ihn doch noch deutlich zu sehen, falls das Auge sich für parallele Strahlen accomodiren kann. Da die scheinbare Grösse eines Gegenstandes von dem Sehwinkel abhängt, unter dem er gesehen wird, so ist die durch eine Lupe erreichte Vergrösserung um so stärker, je näher der Gegenstand an das Auge heranrücken darf, d. h. je kleiner die Brennweite der Linse ist.

Das zusammengesetzte Mikroskop hat zwei Linsen; die erste, Objectiv genannt, entwirft ein reelles Bild des Gegenstandes, welches durch die zweite, das Ocular, betrachtet wird. Der Gegenstand muss sich daher ausserhalb der Brennweite des Objectives befinden (cfr. § 100), aber doch möglichst nahe derselben, damit das reelle Bild möglichst gross wird, ohne dass die Dimensionen des Apparates ihn unförmlich und unhandlich machen. Das Ocular ist eine Lupe, welche eine weitere Vergrösserung des reellen Bildes gestattet, wodurch die Wirkung des Apparates nicht nur vermehrt, sondern vervielfacht wird.

Die Fernrohre, welche die Details entfernter Gegenstände hervortreten lassen sollen, bestehen im Wesentlichen ebenfalls aus einem Objectiv, d. i. einer Sammellinse von grosser Brennweite, welche von dem weit entfernten Gegenstande ein reelles Bild in der Brennebene entwirft, und dem Ocular, d. i. einer Sammellinse (astronomisches Fernrohr), oder einer Zerstreuungslinse (Operngucker), welche die Wirkungsweise einer Lupe hat, d. h. die aus der Brennebene kommenden, resp. die nach der Brennebene gehenden Strahlen parallel zu machen.

C. Dispersion des Lichtes.

Farben-
zerstreuung. 103. Bei der Brechung des Lichtes, wie sie durch ein Prisma beobachtet wird, tritt ausser der Ablenkung noch eine Erscheinung auf, die sogenannte Dispersion des Lichtes. Ein eindringendes weisses Lichtbündel wird nämlich nicht nur gebrochen, sondern auch in ein farbiges Band ausgebreitet, welches man Spectrum nennt. Die weissen Strahlen zeigen sich also bei der Brechung in farbige zerlegt. Die Färbung geht von dem am wenigsten von der ursprünglichen Richtung abgelenkten Roth durch Orange, Gelb, Grün, Blau, Indigo bis zu dem am meisten abgelenkten Violett; doch sind diese Farben nicht streng geschieden, sondern gehen durch sehr allmähliche Abstufungen in einander über, so dass man leicht beliebig viele Farbennuancen unterscheiden kann.

Das weisse Licht ist demnach kein einfaches Licht, sondern der Sinneseindruck weiss wird durch die gleichzeitige Reizung der Retina durch alle Farben des Spectrums hervorgebracht, was man dadurch beweisen kann, dass man die verschiedenfarbigen Strahlen durch eine Linse auf einen Punkt concentrirt.

Achromatische
Prismen und
Linsen. Die Grösse der Dispersion zeigt sich von der Grösse der Brechung unabhängig, und daher ist es möglich, Prismencombinationen zu construiren, welche die Dispersion aufheben, dagegen die Ablenkung bestehen lassen (achromatische Prismen); das erste Prisma bringt eine starke Brechung bei nur geringer Farbenzerstreuung hervor, das zweite dagegen wird aus einer schwach brechenden, aber stark zerstreuenden Substanz gewählt, dessen brechender Winkel so klein gewählt wird, dass die Farbenzerstreuung dieselbe, wie beim ersten Prisma ist. Die Anordnung und Wirkungsweise der Combination ergiebt sich ohne Weiteres aus der Fig. 33.

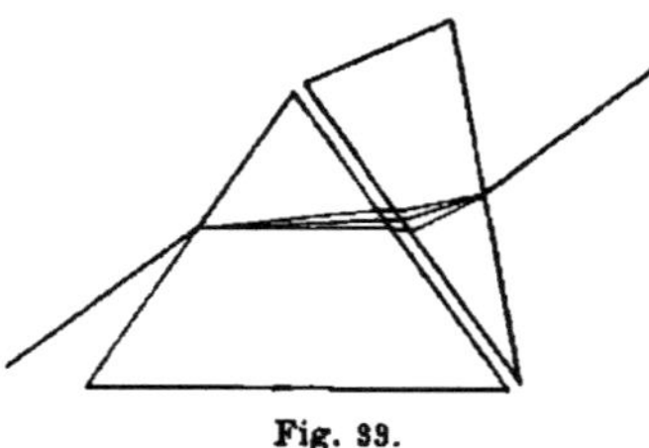

Fig. 33.

Auch achromatische Linsen kann man durch Combination verschiedener Linsen construiren, und alle einigermassen genauen Instrumente sind mit solchen versehen, damit die störenden Farben, welche namentlich an den Rändern der Bilder hervortreten, vermieden werden.

104. Die verschiedenfarbigen Strahlen des Spectrums sind einfaches, homogenes Licht, d. h. sie können durch Brechung wohl noch von ihrem Wege abgelenkt, nicht aber wiederum in weitere Strahlen zerlegt werden. Man kann dies zeigen, indem man das Spectrum bis auf eine kleine Partie abblendet, welche man nach nochmaliger Brechung betrachtet. Auch die Methode der gekreuzten Prismen ist für diesen Nachweis zu verwerthen. Betrachtet man ein durch ein Prisma mit vertikal stehender brechender Kante erzeugtes horizontales Spectrum $r-v$ durch ein zweites Prisma, dessen brechende Kante gegen die des ersten gekreuzt ist, also horizontal steht, so erscheint das Spectrum schräg stehend r_1-v_1 (Fig. 34), aber mit derselben Farbenfolge, indem auch hier roth am wenigsten, violett am meisten abgelenkt, dagegen keine Farbe weiter zerlegt ist.

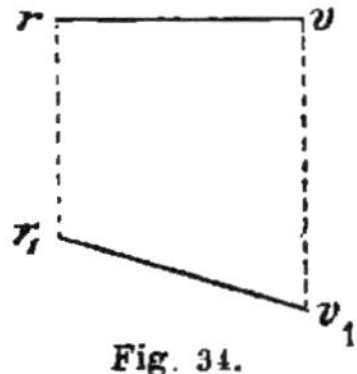
Fig. 34.

Man nimmt an, dass ein homogener Lichtstrahl als solcher durch die Anzahl der Schwingungen charakterisirt ist, welche ein Aethertheilchen in der Sekunde vollführt, so dass die Farben des Lichtes der Höhe und Tiefe von Tönen entsprechen. Es unterscheiden sich dann, da ja Fortpflanzungsgeschwindigkeit, Wellenlänge und Schwingungszahl durch die Beziehung $v = \lambda \cdot N$ (cfr. § 41) verknüpft sind, und da im Weltenraume die Fortpflanzung aller Lichtarten gleich schnell geschieht, die einzelnen Lichtarten auch durch ihre Wellenlängen. Diese ändern sich bei der Brechung, und zwar, wie die verschieden starke Brechung der verschiedenen Farben zeigt, in ungleichem Verhältnisse.

Der Messung zugänglich ist die Fortpflanzungsgeschwindigkeit des Lichtes (cfr. § 94) und seine Wellenlänge (cfr. § 119), wodurch sich die Schwingungszahl berechnet. Die Wellenlängen fallen von Roth nach Violett, und zwar von 768 bis 397 Milliontel Millimeter, die Schwingungszahlen wachsen demgemäss von 395 bis 756 Billionen Schwingungen pro Sekunde.

Fraunhofersche Linien.

105. Wie schon gesagt, zeigt das spectral zerlegte Licht ein ganzes Farbenband mit den verschiedensten Abstufungen, so dass von der Wellenlänge einer Farbe im strengen Sinne gar nicht gesprochen werden kann. Aber das Spectrum zeigt sich von einer Anzahl dunkler Linien durchzogen (Fraunhofer'sche Linien), welche anzeigen, dass Licht von der ganz bestimmten Schwingungszahl, welche jener Brechung entsprechen würde, an der betreffenden Stelle fehlt. Diese Linien gestatten eine genaue Orientirung im Spectrum; man bezeichnet sie daher mit besonderen Buchstaben und bezieht auf sie die Angaben über Brechungsexponenten, Wellenlängen und Schwingungszahlen.

Die Entstehung dieser Linien erklärt man durch die Annahme, dass die betreffende Lichtart beim Durchgange durch irgend eine Substanz absorbirt wurde; diese absorbirenden Substanzen sind theilweise in der Sonnenhülle (Photosphäre), theilweise in der Atmosphäre zu suchen.

Spectralanalyse.

106. Zerlegt man das Licht auch anderer leuchtender Körper, als das der Sonne, spectral, so findet man, dass sich die Spectra der glühenden Gase charakteristisch von denen der festen Körper unterscheiden; letztere sind continuirliche Farbenbänder, erstere durchaus discontinuirliche helle Linien, die jedoch für jede Substanz andere sind. Ein glühendes Gas sendet also stets Licht von einer oder mehreren bestimmten, ganz discreten Schwingungszahlen aus.

Auch in Bezug auf die Absorption unterscheiden sich die Gase von den mehr oder weniger durchsichtigen festen Körpern; diese absorbiren stets von dem auffallenden weissen Lichte ganze Strahlenpartieen, Gase dagegen nur Licht derjenigen Schwingungszahl, welches sie selbstleuchtend aussenden. Steht also hinter einem glühenden Natriumdampfe (Kochsalzflamme), welcher, spectral zerlegt, eine einzige helle Linie zeigt, eine bedeutend hellere weisse Lichtquelle, so erscheint im Spectrum derselben gerade die Stelle jener gelben Linie dunkel.

Man erkennt leicht, dass man diese Spectra, und zwar sowohl die Emissions- als die Absorptionsspectra zur chemischen Analyse benutzen kann. Einerseits gestatten sie den Nachweis ausserordentlich geringer Mengen, andererseits ermöglichen sie die theilweise Analyse sehr weit entfernter Körper; so hat man in der Photosphäre der Sonne und vieler Fixsterne eine ganze Reihe von Stoffen nachweisen können, welche auch auf der Erde vorkommen.

107. Eine Reihe von Substanzen (Anilinfarbstoffe, Cyanin, übermangansaures Kali u. s. w.) zeigen die merkwürdige Erscheinung, dass weisses Licht, durch sie spectral zerlegt, eine unregelmässige Farbenfolge zeigt. Um reine Spectralfarben zu haben, wendete Kundt bei der Untersuchung der Brechung dieser Substanzen die Methode der gekreuzten Prismen an (cfr. § 104). Zuerst wurde ein reguläres Spectrum entworfen, und dieses durch ein Prisma der anomal dispergirenden Substanz betrachtet. Statt der Fig. 32 zeigte sich dann z. B. bei Cyaninlösung die folgende Fig. 35, wo die Brechung von roth sehr schnell zunimmt, bis eine starke Absorption erfolgt, und hinter derselben, im Grünen, setzt die Brechung wieder mit einem Minimum zunehmend an. Bei anderen anomal dispergirenden Substanzen zerfällt das Spectrum in noch mehr Theile; aber stets nimmt die Brechung bis zu einer Stelle starker Absorption zu. worauf sie mit einem Minimum wieder einsetzt.

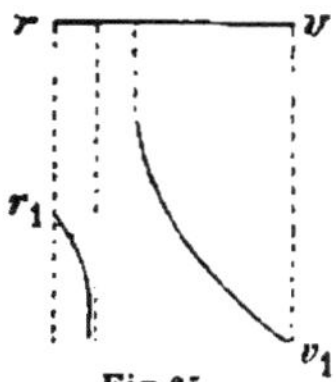

Anomale
Dispersion.

Fig. 35.

108. So wenig den Schallschwingungen Höhe und Tiefe zukommt, welche nur Empfindungen der Schwingungszahlen sind, so wenig kann den Lichtschwingungen Farbe zukommen, sondern die Farben sind ebenfalls Empfindungen bestimmter Schwingungszahlen. Die sogenannten natürlichen Farben der Körper müssen daher auch von den Schwingungszahlen des

Die natürlichen
Farben der
Körper.

auffallenden Lichtes abhängen und sind die Empfindung sämmtlicher reflectirten Lichtarten. Eine Färbung ist mithin stets ein Zeichen dafür, dass mindestens eine Lichtart absorbirt ist. Beleuchtet man den farbigen Körper mit einer Flamme, in deren Lichtarten einige derjenigen fehlen, welche der Körper zu reflectiren im Stande ist, so wird seine Färbung eine andere werden, was ja eine bekannte Thatsache ist.

Wie es durch die Luft fortgepflanzte Schwingungen giebt, welche wir nicht als Töne empfinden (cfr. § 58), so giebt es auch durch den Aether fortgepflanzte Schwingungen, durch deren Reizung in uns nicht Lichtempfindung hervorgebracht wird; das Vorhandensein solcher Aetherschwingungen jenseits der Grenze der Sichtbarkeit wird durch ihre Wärme- und chemischen Wirkungen bewiesen. Durch ihre Wärmewirkungen verrathen sich die noch nicht sichtbaren (ultrarothen) Schwingungen, durch ihre chemische Wirkung die nicht mehr sichtbaren (ultravioletten).

D. Doppelbrechung und Polarisation.

Die Doppel-
brechung im
Kalkspath.

109. Ist das Medium, in welches das Licht bei der Brechung eindringt, ein Krystall, welcher nicht dem regulären Systeme angehört, so wird es nicht einfach, sondern doppelt gebrochen, statt eines eintretenden Lichtstrahles gehen von der Eintrittsstelle zwei getrennte Strahlen weiter.

Am längsten ist diese Erscheinung beim Kalkspath bekannt, welcher von ihr auch den Namen Doppelspath erhalten hat, da alle Gegenstände durch ihn doppelt gesehen werden. Aber diese Doppelbrechung tritt, wie gesagt, wenn auch weniger deutlich, bei allen nicht regulären Krystallen auf.

Untersucht man die Erscheinung am Kalkspath näher, indem man dem einfallenden Strahl die verschiedensten Neigungen giebt, so findet man, dass der eine der beiden gebrochenen Strahlen sich wie ein gewöhnlicher Lichtstrahl verhält, indem er das gewöhnliche Brechungsgesetz des constanten Sinusverhältnisses befolgt; man hat ihn deswegen den ordentlichen Strahl genannt. Für den andern dagegen zeigt sich weder eine Constanz des Sinusverhältnisses, noch fällt bei ihm Einfalls- und Brechungsebene stets zusammen; man hat ihn deswegen den ausserordentlichen Strahl genannt.

Eine Richtung aber giebt es in dem Krystall, in welcher auffallendes Licht nur einfach gebrochen wird; diese Richtung, welche auch krystallographisch ausgezeichnet ist, heisst optische Axe des Krystalls.

110. Die Fortpflanzung des Lichtes wurde als Wellenbewegung aufgefasst und die Brechung einer Welle nach dem Sinusgesetz erklärt sich durch Aenderung der Fortpflanzungsgeschwindigkeit. Da nun die Geschwindigkeit des Lichtes in dem ersten Medium dieselbe in allen Richtungen ist, so folgt aus der Inconstanz des Sinusverhältnisses für den ausserordentlichen Strahl, dass die Geschwindigkeit der Lichtbewegung, welche ihn veranlasst, in den verschiedenen Richtungen des Krystalls eine verschiedene ist. Bestimmt man experimentell das Sinusverhältniss in jeder Richtung, so kann man die Geschwindigkeit des Lichtes in jeder Richtung des Krystalles berechnen. Es ergiebt sich, dass die Geschwindigkeiten in den verschiedenen Richtungen sich verhalten, wie die radii vectores eines zweiaxigen, also eines Rotationsellipsoides.

Die Wellenfläche des Lichtes im Kalkspath.

Denkt man sich also im Innern des Krystalls einen leuchtenden Punkt, so pflanzt sich von ihm aus eine doppelte Lichtbewegung fort, die ordentliche mit überall gleicher Geschwindigkeit, welche nach Verlauf einer bestimmten Zeit bis auf eine Kugel gelangt, und die ausserordentliche, welche in derselben Zeit bis zur Oberfläche eines Ellipsoides vordringt. Die Wellenfläche, d. i. die Gesammtheit der Punkte, welche zu einer gegebenen Zeit sich im selben Schwingungszustand befinden, ist daher eine zweischalige Fläche; sie besteht aus einer Kugel und einem Rotationsellipsoid, welche sich längs

eines Kreises berühren. Die beiden gebrochenen Strahlen erhält man dann durch eine ähnliche Construction, wie sie in
§ 44 für die einfache Wellenbewegung angegeben wurde, wenn

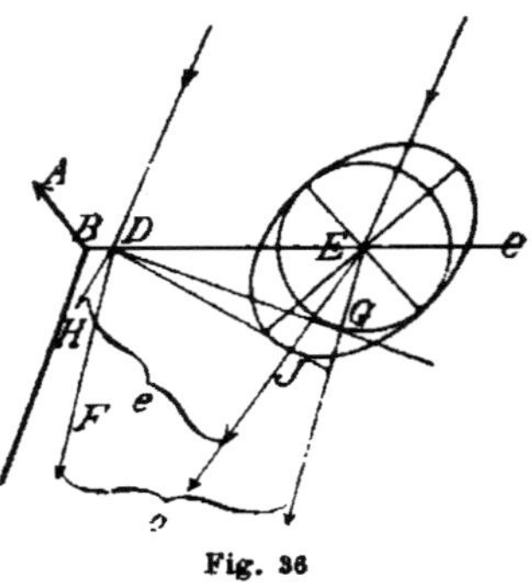

Fig. 36

man nur darauf achtet, dass sich
von jedem Punkte der Grenzfläche
die doppelte Bewegung in das
zweite Medium hinein ausbreitet.
Durch Fig. 36 wird dies veran-
schaulicht. Die Grenzen des Krystalls sind dick gezogen, die Fort-
pflanzungsrichtungen durch Pfeile
angedeutet. Um jeden Punkt der
Grenzfläche DE ist dann dieselbe
Construction zu machen, wie um E;
die gemeinsame Tangente der Ku-
geln, BG, ist dann die ordentliche, die der Ellipsoide, DJ,
die ausserordentliche (extraordinäre) Wellenfläche.

111. Man kann die geschilderten Erscheinungen nur
zufolge bestimmter Annahmen über die Art der Lichtschwingungen ableiten, über welche wir gleich noch sprechen
wollen (cfr. § 113), wenn man zugleich gewisse Annahmen über
die Natur des Aethers in den Krystallen macht.

Die Krystall-
systeme. Die Krystalle zeigen in verschiedenen Richtungen verschiedene physikalische Eigenschaften, z. B. verschieden leichte
Spaltbarkeit, verschiedenes Wärmeleitungsvermögen, was auf
eine verschiedene Structur in diesen Richtungen deutet. Richtungen, welche in solchen Beziehungen besonders ausgezeichnet
sind, heissen Axen, und zwar spricht man von gleichen Axen,
wenn das physikalische Verhalten in den betreffenden Richtungen das gleiche ist. Unter gleichen Axen sind bei den
Krystallen also keineswegs geometrisch gleich lange Strecken
zu verstehen, wie ja krystallographische Axen überhaupt gar
nicht Strecken, sondern Richtungen sind. Der Ausdruck:
Ein Krystall hat drei gleiche auf einander senkrechte
Axen bedeutet also: Ein Krystall hat in drei auf einander
senkrechten Richtungen gleiche physikalische Eigen-

schaften. Nach ihren Axen theilt man die Krystalle in sechs Systeme:

1) reguläres System. Drei auf einander senkrechte Axen. Einfach brechend.

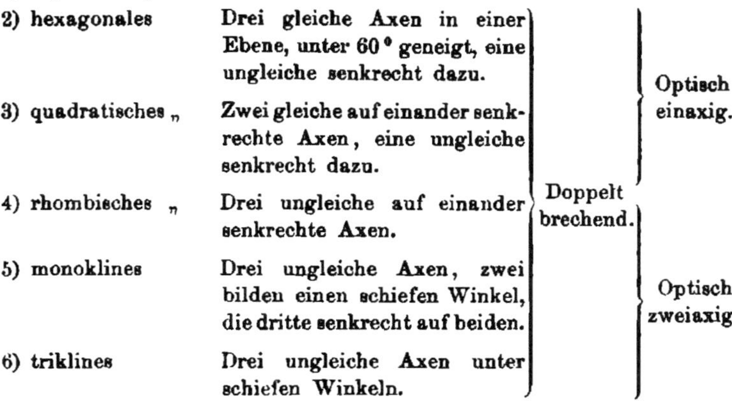

Nimmt man nun an, dass auch die Elasticität oder die Dichte des Aethers in ungleichen Axenrichtungen eine ungleiche ist, so lassen sich die geschilderten Erscheinungen auch rechnerisch verfolgen, müssen dann aber qualitativ dieselben in allen Krystallen des hexagonalen und quadratischen Systems sein; dies ist auch der Fall, wenngleich die Erscheinungen nicht so stark hervortreten, wie beim Kalkspath. Die optisch ausgezeichnete Richtung, optische Axe, stimmt bei allen Krystallen dieser beiden Systeme mit der krystallographisch ausgezeichneten Richtung, der krystallographischen Hauptaxe, überein.

Bedeutend complicirter werden sowohl die Rechnungen als auch die Erscheinungen bei den Krystallen der anderen drei Systeme, worauf hier nicht eingegangen werden kann. Es möge nur bemerkt werden, dass Beobachtungen und Rechnungsresultate übereinstimmen, ja dass manche Erscheinungen vor ihrer Beobachtung berechnet und erst hinterher durch die Erfahrung bestätigt worden sind.

Erwähnt werde nur noch, dass es in diesen Krystallen zwei Richtungen giebt, in welchen keine Doppelbrechung eintritt, also zwei optische Axen, welche übrigens nicht mit krystallographischen Axen zusammenfallen.

112. Die aus einem doppelt brechenden Krystalle austretenden Lichtstrahlen zeigen noch einige merkwürdige Eigenschaften, welche man aber auch an reflectirtem Lichte beobachten kann, weswegen wir sie zunächst hierbei betrachten wollen.

Lässt man nämlich einmal reflectirtes Licht noch einmal, von einem zweiten Spiegel, reflectiren, und ändert man durch geeignete Drehung dieses Spiegels die Richtung des Lotes, also auch der Einfalls- und Reflexionsebene, so findet man, dass die Reflexion nicht in allen Ebenen mit gleicher Intensität erfolgt, sondern dass dieselbe am stärksten ist, wenn die Reflexionsebene mit der ursprünglichen Reflexionsebene übereinstimmt, am schwächsten, wenn diese beiden Ebenen auf einander senkrecht stehen. Der Grad der Schwächung hängt von dem ursprünglichen Einfallswinkel ab; es giebt bei jeder reflectirenden Substanz einen bestimmten Einfallswinkel, unter welchem das reflectirte Licht die erwähnte Eigenschaft bis zur vollständigen Auslöschung annimmt; für Glas beträgt er ungefähr 55°.

Polarisirtes Licht.

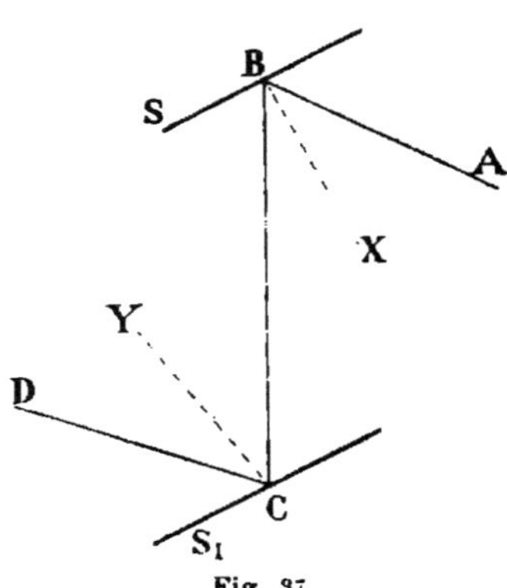

Fig. 37.

Zur besseren Veranschaulichung diene Fig. 37. Auf den Spiegel S falle ein Lichtbündel AB unter 55°, so wird es in der Richtung BC reflectirt, und an dem Spiegel S_1, welcher S parallel steht, so dass auch die Lote BX und CY parallel sind, noch einmal in der Richtung CD, so dass an einer gegenüberstehenden Wand ein helles Bild der Oeffnung entsteht, durch welche das Lichtbündel AB eingedrungen ist. Dreht man nun den Spiegel S_1 um BC als Axe, so dass auch das Lot CY sich mitdreht, so dreht sich auch das reflectirte Bündel

CD und das aufgefangene Bild. Hierbei wird es aber lichtschwächer und erlischt völlig, wenn *BX* und *CY*, also auch die beiden Reflexionsebenen einen Winkel von 90° bilden. Bei weiterer Drehung erscheint es wieder mit wachsender Helligkeit und erreicht das Helligkeitsmaximum bei der Drehung um 180°, also der wieder parallel gewordenen Stellung der Reflexionsebenen, u. s. f.

Licht von dieser merkwürdigen Eigenschaft, in einer bestimmten Ebene gut, in der dazu senkrechten gar nicht reflectirt zu werden, nennt man **polarisirtes Licht**, und zwar polarisirt in derjenigen Ebene, in welcher es reflectirt wird.

113. Um diese merkwürdige Eigenschaft, für welche ein Analogon bei den Schallwellen fehlt, zu erklären, nimmt man trotz der Schwierigkeit, welche eine solche Vorstellung bietet, an, dass die Aetherschwingungen nicht longitudinal, in der Fortpflanzungsrichtung, sondern transversal, senkrecht zu derselben, vor sich gehen. Alsdann hat man ein Element der Bewegung, nämlich die Ebene der Schwingung, noch zur Verfügung.

Erklärung der
Polarisation.

Man nimmt nun an, dass im natürlichen Lichte die Aethertheilchen in allen möglichen Ebenen senkrecht zum Strahl schwingen, wobei jedes Theilchen seine Schwingungsebene beständig ändert, dass dagegen im polarisirten Lichte alle Aethertheilchen in derselben Ebene schwingen, in welcher sie auch reflectirt werden[1]. Die Amplitude der Schwingung zerlegt sich dann bei der Reflexion in einer anderen Ebene in zwei senkrechte Componenten nach demselben Parallelogrammgesetze, wie sich eine Kraft zerlegt; von diesen wird die eine vollständig reflectirt, während die andere vernichtet wird. Hiernach erklärt sich die Reflexion mit abgeschwächter

---

[1] Man kann natürlich auch annehmen, dass die Schwingungsebene auf der Reflexions- oder Polarisationsebene senkrecht steht, und dies ist nach den neuesten Versuchen von Wiener sogar das Wahrscheinlichere; da es für uns aber gleichgiltig ist, wollen wir der bequemeren Ausdrucksweise halber Schwingungs- und Polarisationsebene identificiren.

Intensität in jeder andern, als der Schwingungsebene, die vollständige Vernichtung in der senkrechten.

Das Brewster-
sche Gesetz. Da bei der ersten Reflexion das Licht polarisirt wird, so muss man annehmen, dass die vorher beliebigen Schwingungen bei der Reflexion geordnet werden; vollständig ist diese Ordnung nur bei der Reflexion unter einem bestimmten Winkel, Winkel der vollständigen Polarisation; derselbe ist bei jedem Medium dadurch bestimmt, dass der in dasselbe eingedrungene, gebrochene Lichtstrahl auf dem reflectirten senkrecht steht (Fig. 38), wodurch sich eine einfache Beziehung zum Brechungsexponenten ergiebt.

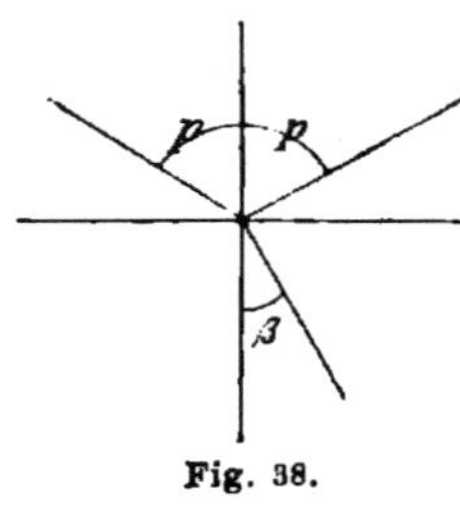

Fig. 38.

Polarisation
durch
Brechung, 114. Ausser durch Reflexion kann man auch durch Brechung polarisirtes Licht erzeugen; doch erhält man durch einmalige einfache Brechung niemals vollständig polarisirtes Licht. Dasselbe schwingt, wie bemerkt werden mag, senkrecht zu der Schwingungsebene des durch Reflexion an der Grenze des brechenden Mediums erhaltenen polarisirten Lichtes.

durch Doppel-
brechung. Das einfachste Mittel aber, vollständig polarisirtes Licht zu erhalten, ist, wie schon erwähnt, die doppelte Brechung. Alle aus einem doppelt brechenden Krystall austretenden Strahlen sind vollständig polarisirt und zwar in Ebenen, welche auf einander senkrecht stehen. Näher wollen wir die Verhältnisse nur bei optisch einaxigen Krystallen betrachten, als deren Repräsentanten wir wieder Kalkspath wählen.

Polarisations-
ebenen der
Strahlen im
Kalkspath. 115. Der Kalkspath krystallisirt in Rhomboedern; verbindet man die beiden Ecken, in welchen je drei stumpfe Winkel zusammenstossen, so ist die dadurch fixirte Richtung die krystallographische Hauptaxe, zugleich die optische Axe. Jede Ebene, welche diese Richtung enthält, heisst ein Hauptschnitt des Krystalls. Untersucht man nun die aus dem Kalkspath austretenden Strahlen in Bezug auf ihre Reflexionsfähigkeit, so erweist sich der ordentliche Strahl stets im Hauptschnitt polarisirt, der ausserordentliche in der dazu senkrechten Ebene. Der Krystall ordnet also die auffallenden Lichtschwingungen so, dass sie nur in diesen beiden Ebenen schwingen, in denen allein er Lichtbewegung fortpflanzt.

Fällt bereits polarisirtes Licht, also Licht einer Schwingungsebene auf den Krystall, so zerlegt sich dessen Amplitude nach den beiden Richtungen, in welchen der Krystall die Schwingungen durchlässt, wiederum, wie sich eine Kraft zerlegt. Hieraus folgt, dass ein polarisirter Lichtstrahl, auch wenn er nicht in Richtung der optischen Axe auffällt, als einfacher Strahl hindurchgeht, falls nur seine Schwingungsebene bereits seine Hauptschnittsebene oder die senkrechte dazu ist.

116. Nach dem Gesagten erhellt, dass man statt eines Spiegels auch einen Kalkspathkrystall zur Erkennung eines polarisirten Lichtstrahles benutzen kann. Denn während natürliches Licht stets, auch wenn man für Abblendung des einen Strahles Sorge trägt, wenigstens theilweise hindurchgeht, wird polarisirtes Licht in zwei bestimmten Stellungen des Krystalles mit voller Intensität, entweder als ordentlicher oder als ausserordentlicher Strahl, hindurchgehen, und wenn man für Abblendung des einen Sorge trägt, in der einen der beiden Stellungen gar nicht.

Lassen wir z. B. nur den ordinären Strahl aus einem Kalkspath austreten, was wir leicht erreichen können, indem wir etwa die Austrittsebene mit Papier überdecken, so sehen wir ihn als ordinären Strahl ungeschwächt durch einen zweiten Krystall gehen, welchen wir ebenso behandeln, wenn die Hauptschnitte parallel sind; dagegen erlischt er bei gekreuzter Stellung der beiden Hauptschnitte.

Das Abblenden des einen Strahles geschieht gewöhnlich auf folgende Weise: Den Enden eines länglichen Kalkspathrhomboeders (Fig. 39) giebt man durch Schleifen eine passende Neigung, sägt dann den Krystall in der Richtung ab durch und kittet die beiden Stücke nach dem Poliren wieder mit Kanadabalsam

Fig. 39.

Malus'sches Gesetz.

Nicol'sches Prisma.

an einander. Hierdurch wird erreicht, dass von Strahlen, welche parallel *ad* auffallen, der ausserordentliche Strahl ohne Ablenkung hindurchgeht, während der ordentliche an der Balsamschicht total reflectirt und an der geschwärzten Seitenfläche des Krystalls absorbirt wird.

Durch einen solchen, Nicol'sches Prisma genannten Krystall geht daher natürliches Licht stets zur Hälfte hindurch und wird dabei in polarisirtes verwandelt, polarisirtes dagegen geht gar nicht hindurch, wenn es bereits im Hauptschnitte schwingt (ordentlicher Strahl), dagegen ungeschwächt, wenn es senkrecht dazu schwingt (ausserordentlicher Strahl).

Polarisations-apparat. Die gewöhnlichen Polarisationsapparate bestehen aus zwei solchen Nicols, von denen das eine drehbar ist. Das erste verwandelt das auffallende natürliche Licht in polarisirtes, dient also als Polarisator, das zweite, der Analyseur, dient zur Erkennung des polarisirten Lichtes, indem das Gesichtsfeld hell erscheint bei paralleler Stellung der Hauptschnitte, und sich bei Drehung um 90^0 verdunkelt.

E. Interferenzerscheinungen.

Interferenz des Lichtes. 117. Ausser den Polarisationserscheinungen waren es vor Allem die Interferenzerscheinungen, welche zu der Annahme führten, dass die Lichtempfindung durch eine Wellenbewegung veranlasst sei. In der That muss ja, wenn diese Anschauung richtig ist, unter bestimmten Verhältnissen Licht plus Licht Dunkelheit ergeben, da ja zwei Bewegungen sich zu Ruhe zusammensetzen können.

Es ist bereits früher, bei der Wellenbewegung, das Nöthige hierüber gesagt worden, und wir wollen daher jetzt nur noch einige hierher gehörige Erscheinungen näher betrachten.

Fresnel's Spiegelversuch. 118. a) Die beiden Spiegel S_1 und S_2 bilden einen sehr stumpfen Winkel mit einander (Fig. 40). Die von dem Lichtpunkte S ausgehenden Strahlen legen alsdann solche Wege zurück, als kämen sie von den beiden Punkten A und B. In einem Theile des Raumes vor den Spiegeln treffen dann von beiden reflectirte Strahlen zusammen, welche daher interferiren können. Wie man sieht, muss in dem Punkte O eine Verstärkung des Lichtes stattfinden, weil $AO = BO$ ist; dagegen nimmt die Differenz der Wege zweier Strahlen nach der Seite hin zu, da AH kleiner BH u. s. w. ist. Bei einer halben Wellenlänge Wegdifferenz wird ein völliges Auslöschen stattfinden, dann wird wieder eine Verstärkung kommen u. s. f.

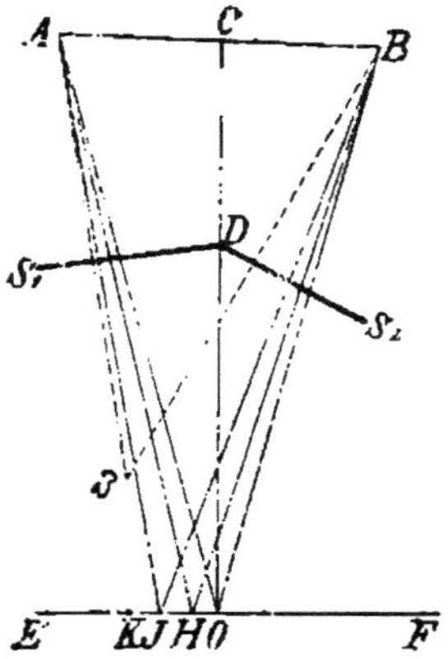

Fig. 40.

Wählt man bei diesem Versuche weisses anstatt homogenen Lichtes, so werden die Vernichtungsstellen der einzelnen Farben wegen der verschiedenen Wellenlänge derselben nicht zusammenfallen; daher erscheint die helle Mitte O farbig gesäumt.

b) Betrachtet man dünne Blättchen in parallelem, reflectirtem Licht, so erscheinen sie farbig (z. B. dünne Oelschichten, Seifenblasen). Es interferirt hierbei immer ein direct an der vorderen Grenzfläche reflectirter Strahl mit einem, welcher eingedrungen und an der hinteren Grenzfläche reflectirt war. Bei der unregelmässigen Dicke der Schichten sind die Gangunterschiede der interferirenden Strahlen an den verschiedenen Stellen verschieden, so dass verschiedene Farben (Wellenlängen) ausgelöscht, andere verstärkt werden. **Farben dünner Blättchen.**

c) Aehnlich erklären sich die farbigen Ringe, welche entstehen, wenn eine schwach gekrümmte planconvexe Linse auf einer ebenen Glasplatte aufliegt; die interferirenden Strahlen sind hier an der vorderen und hinteren Fläche der zwischen beiden Gläsern befindlichen Luftschicht reflectirt. **Newton's Farbenringe.**

119. Auch die Beugungserscheinungen (cfr. § 43) erklären sich durch Interferenz. Sie bilden eine starke Stütze der **Beugungserscheinungen.**

Wellentheorie des Lichtes; denn einerseits lassen sie sich in aller Strenge durch die Rechnung verfolgen und darstellen, und andererseits zeigen sie deutlich, dass es gar keine geradlinig fortgehenden Lichtstrahlen giebt, dass diese nur eine Fiction sind. Im Allgemeinen werden die Lichterscheinungen im Schattenraume, weil sie gegenüber der sonstigen Helligkeit zu lichtschwach sind, nicht wahrnehmbar. Je mehr man sich aber einem Strahle zu nähern sucht, ein je engeres Lichtbündel man also der Betrachtung unterwirft, um so deutlicher zeigt sich, dass das Licht sich nicht nur geradlinig, sondern auch seitlich ausbreitet.

Beugungsgitter. Von den zahlreichen schönen Beugungserscheinungen sei nur diejenige erwähnt, welche man durch eine grosse Anzahl dicht neben einander befindlicher enger Spalte, 500 bis 5000 und 8000 pro cm, sogenannter Gitter, mit vorgesetzter Sammellinse erblickt. In homogenem Lichte entsteht in der Mitte der Brennebene ein helles Spaltbild, zu dessen beiden Seiten in bestimmten Entfernungen noch andere Spaltbilder mit abnehmender Helligkeit auftreten. Zwischen den geometrischen Grössen, durch welche man die Lage dieser Beugungsbilder bestimmen kann, und der Wellenlänge der betreffenden Lichtart besteht eine ziemlich einfache mathematische Beziehung; daher dient die Beobachtung der Beugungsbilder in hervorragender Weise zur Ermittelung der Wellenlängen des Lichtes.

Gitterspectren. Lässt man auf ein Gitter weisses Licht fallen, so entstehen zu beiden Seiten des hellen Mittelbildes vollständige Spectren, deren erste die Fraunhofer'schen Linien deutlich erkennen lassen. Sie unterscheiden sich von den Prismen- oder Dispersionsspectren dadurch, dass Violett am wenigsten, Roth am meisten abgelenkt, gebeugt sind; ausserdem ist die Farbenvertheilung in ihnen eine gleichmässige, während bei den Dispersionsspectren das rothe Ende sehr kurz, das violette sehr breit ist.

120. Auch im polarisirten Lichte kann man eine Reihe schöner Interferenzerscheinungen hervorrufen.

a) Legt man ein Krystallblättchen zwischen die polari- Krystallblätt-
chen im paral-
lelen polari-
sirten Licht,
sirende und analysirende Vorrichtung des Polarisationsappa-
rates, so werden beim Austritt aus dem Krystall immer ein
ausserordentlicher und ein ordentlicher Strahl zusammentreffen
(Fig. 41); da diese den Krystall auf verschiedenen Wegen
und mit verschiedener Geschwindigkeit
durchsetzt haben, wie ab und cb, können
sie an den verschiedenen Stellen je nach
der verschiedenen Dicke des Krystalls
eine verschiedene Interferenzerscheinung
darbieten. Doch können sich Bewegungen nur vernichten, wenn sie in derselben, nicht in auf einander senkrechten
Ebenen vor sich gehen, wie die ordentliche und ausserordentliche Lichtbewegung. Die analysirende Vorrichtung

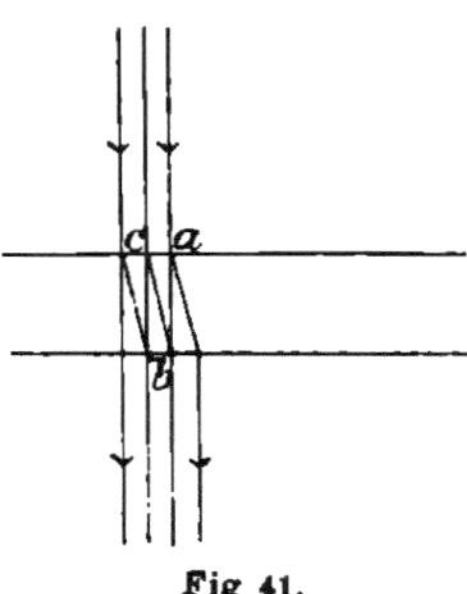

Fig 41.

lässt nun von jeder Schwingung nur je eine Componente in
derselben Ebene schwingend hindurch, so dass die Vernichtung durch Interferenz zu Stande kommen kann. Thatsächlich erscheint ein solches Blättchen auch bei der geschilderten
Vorrichtung gefärbt.

b) Ist das Blättchen senkrecht zur optischen Axe ge-
schliffen, so ist es klar, dass keine Doppelbrechung, also auch
keine Interferenz eintreten kann. Bei paralleler Stellung des
Nicols muss dann das Gesichtsfeld hell, bei gekreuzter dunkel
erscheinen.

c) Macht man die Strahlen aber durch eine Linse con- in convergen-
tem polari-
sirtem Licht.
vergent, so gilt das Gesagte nur für die Mittelstrahlen und
für diejenigen, bei welchen die Schwingungsebene mit ihrem
Hauptschnitt zusammenfällt, sowie für diejenigen, bei welchen
die Schwingungsebene auf dem Hauptschnitte senkrecht steht;
denn alle diese erleiden keine Doppelbrechung (cfr. § 115). Bei
allen anderen aber wird Doppelbrechung und Interferenz auftreten, und zwar wird die Erscheinung bei allen gegen die
Axe gleich geneigten Strahlen die gleiche sein; man sieht
daher in homogenem Lichte ein System abwechselnd heller

und dunkler, in weissem Lichte farbiger Ringe, welche je nach der Stellung der Nicols von einem hellen oder dunklen Kreuze durchzogen sind.

Die Drehung der Polarisationsebene. 121. Noch eine merkwürdige Eigenschaft müssen wir erwähnen, welche zuerst beim Quarze, einem einaxigen Krystalle, beobachtet worden ist.

Beobachtet man ein senkrecht zur optischen Axe geschliffenes Quarzblättchen im parallelen polarisirten Lichte (cfr. § 119 b), so erscheint das Gesichtsfeld nicht hell, resp. dunkel, sondern in homogenem Lichte schwach erhellt, und man muss den analysirenden Nicol noch um einen bestimmten Winkel drehen, um wieder volle Helligkeit, resp. Dunkelheit zu erhalten. Es beweist dies, dass auch aus dem Quarze noch polarisirtes Licht getreten ist, dass dessen Schwingungsebene aber um einen bestimmten Betrag gedreht ist. Die Grösse dieser Drehung ist von der Wellenlänge abhängig, weswegen man im weissen Lichte ein farbiges Gesichtsfeld erhält, dessen Färbung sich mit der Drehung des analysirenden Nicols ändert. Ferner ist sie stets proportional der Dicke der durchstrahlten Schicht.

Wir müssen im Rahmen dieses Grundrisses auf ein näheres Eingehen auf diese Erscheinung verzichten; doch sei noch erwähnt, dass ausser dem Quarze noch eine Menge anderer Körper, unter welchen sich auch einfach brechende, reguläre Krystalle befinden, die Schwingungsebene des polarisirten Lichtes drehen; auch thun es eine grosse Menge von Flüssigkeiten, z. B. Lösungen von Rohrzucker, Dextrin, Weinsäure u. s. w. Hier ist der Betrag der Drehung proportional dem Gehalte an drehender Substanz, also bei gleicher Dicke der Schicht dem Prozentgehalt. Füllt man verschiedene Zuckerlösungen nach einander in dieselbe Röhre, welche man zwischen Polarisator und Analyseur einschiebt (Saccharimeter), so ist es klar, dass man aus dem Betrag der Drehung den Prozentgehalt ermitteln kann, wenn man die Drehung der einprozentigen Lösung kennt.

Electricität und Magnetismus.

A. Electrostatische Erscheinungen.

122. Der Zustand, welchen man den electrischen nennt und welcher an vielen Körpern durch Reiben hervorgerufen werden kann, äussert sich dadurch, dass leichte Massen, wie Kügelchen aus Kork oder Hollundermark, an einen in diesem Zustande befindlichen Körper heranfliegen und nach der Berührung von ihm zurückweichen. Man bemerkt leicht, dass die Kügelchen nach der Berührung sich selbst im electrischen Zustande befinden. Da die unmittelbare Ursache dieses Zustandes nicht bekannt ist, so bildet man ein Wort, Electricität, und sagt, die Electricität des einen Körpers geht oder strömt bei der Berührung zum Theil auf den anderen über, diesen dadurch ebenfalls electrisch machend.

123. Werden zwei Kügelchen durch Berührung mit demselben Körper electrisch gemacht, so weichen sie stets von einander zurück; sind sie dagegen mit verschiedenen Körpern in Berührung gewesen, so tritt manchmal Zurückweichen, manchmal Annäherung ein. Man kann darnach leicht zwei Arten des electrischen Zustandes oder der Electricität unterscheiden: Glas- und Harzelectricität, welche man auch als positive und negative unterscheidet. Indem man bei den oben erwähnten Bewegungen von Anziehung und Abstossung spricht, stellt man das Gesetz auf:

Gleichnamig electrische Körper stossen sich ab, ungleichnamig electrische ziehen sich an.

Leiter und Nichtleiter.

124. Alle Körper können in den electrischen Zustand versetzt werden, viele durch einfaches Reiben, wie Schwefel, Harze, Siegellack, Ebonit, Glas, andere, besonders die Metalle, nur, wenn sie mit Körpern der ersteren Art umgeben, durch sie isolirt sind. Diese Körper nennt man Leiter, indem man sagt, sie leiten die Electricität, den electrischen Zustand, fort, während man die Körper der ersten Art, an welchen der Zustand eine Weile haften bleibt, Nichtleiter oder Isolatoren, auch Dielectrica nennt. Man muss sich jedoch gegenwärtig halten, dass keine absolute Scheidung existirt, sondern nur von mehr oder weniger guten und schlechten Leitern gesprochen werden kann.

Electricitätsmenge.

125. Indem man von der Electricitätsmenge eines Körpers spricht, sagt man, dass zwei geometrisch und physikalisch gleiche Körper, mit welchen dieselbe Operation vorgenommen ist, die etwa mit einem bestimmten Körper mit bestimmter Kraft eine bestimmte Zeit hindurch gerieben sind, und welche dadurch in den gleichen physikalischen Zustand versetzt sind, gleiche Mengen von Electricität besitzen. Die Kraftwirkung zwischen zwei solchen Körpern einerseits und einem dritten andererseits ist doppelt so gross, wie die zwischen einem derartigen Körper und dem dritten; analog verhält es sich bei 3, 4, etc. gleich stark electrischen Körpern in Betreff ihrer Wirkung auf einen dritten; es ist daher die electrische Kraftwirkung proportional den wirkenden Electricitätsmengen.

Coulomb'sches Gesetz der electrischen Kraftwirkung.

126. Ausserdem hängt die electrische Kraftwirkung noch von der Entfernung der betreffenden electrischen Körper ab, und zwar ist sie umgekehrt proportional dem Quadrate derselben. Man kann dies vermittels der Coulomb'schen Drehwage untersuchen. An einem Faden hängt horizontal ein nichtleitendes Stäbchen, an dessen einem Ende sich ein Kügelchen aus leitendem Materiale befindet; diesem gegenüber steht ein anderes unbeweglich, welches mit einem electrischen Körper in Verbindung gesetzt werden kann. Geschieht dies, so theilt sich der electrische Zustand durch Berührung auch dem ersten Kügelchen mit, worauf ein Zurückweichen desselben erfolgt.

Dadurch tritt eine elastische Torsionskraft im Faden auf, welche das Kügelchen in die alte Lage zurückzuführen strebt. Gleichgewicht tritt an derjenigen Stelle ein, wo die beiden entgegengesetzt wirkenden Kräfte gleich sind. Da man das Gesetz der Torsionskraft kennt — sie ist proportional dem Torsionswinkel (cfr. § 26) —, so erkennt man leicht, dass auch das der electrischen Kraft ermittelt werden kann. — Der ganze Apparat ist zur Vermeidung von Luftströmungen in ein Glasgefäss eingeschlossen.

127. Zur Erzeugung grösserer Electricitätsmengen, d. i. stärkerer electrischer Zustände durch Reibung, dient die Electrisirmaschine. Sie besteht im Wesentlichen aus einem Reibzeug, einem geriebenen Körper und einem Conductor. Als Reibzeug dient ein mit Quecksilberamalgam bestrichenes Lederkissen, welches leitend mit der Erde verbunden ist. Durch eine Feder wird es gegen den geriebenen Körper, eine drehbare Glasscheibe, gepresst, und auf dieser wird also bei jeder Drehung Electricität erzeugt. Auf ihrem weiteren Wege stehen der Scheibe zu beiden Seiten Metallspitzen gegenüber, welche in leitender Verbindung mit dem Conductor, einer isolirt aufgestellten Metallkugel, stehen; die Wirkung dieser Spitzen ist die, dass der electrische Zustand von der Scheibe auf den Conductor übergeführt wird (cfr. § 131): die Spitzen saugen, wie man sich ausdrückt, die Electricität der Scheibe auf.

128. Das Coulomb'sche Gesetz dient dazu, eine Einheit der Electricitätsmenge festzusetzen. Um den Proportionalitätsfactor aus dem Ausdrucke des Gesetzes verschwinden zu lassen, definirt man: Diejenige Electricitätsmenge soll die Einheit sein, welche auf die gleiche in der Entfernung 1 die Kraft 1 ausübt. Eine Vorstellung davon kann man sich verschaffen, wenn man zwei Kügelchen von der Schwere je eines Gramm an gewichtslosen 5 m langen Fäden herabhängen denkt; hebt man sie aus der Gleichgewichtslage, in welcher sie sich berühren, bis zur Entfernung eines Centimeter, so ist, wie eine leichte Rechnung zeigt, das Wirken der Krafteinheit nöthig, um der Componente der Schwere, welche sie zurückzuführen

strebt, das Gleichgewicht zu halten. Denkt man sich die Kugeln dadurch in dieser Lage gehalten, dass sie electrisirt sind, so enthält jede, wie man sieht, die Einheit der Electricitätsmenge; sie ist, wie man sagt, mit der Einheit geladen. — Es mag noch bemerkt werden, dass diese Einheit zum Unterschiede von anderen die electrostatische Einheit genannt wird.

Das electrische Potential.

129. Denkt man sich einen electrischen Körper und ausserdem nichts in der Welt, so würde sich in jedem Raumpunkte, sobald dort ein anderer electrischer Körper vorhanden wäre, eine Kraft bemerkbar machen. Denkt man sich die positive electrostatische Einheit nach einander an verschiedene Raumpunkte gebracht, so geht diese Bewegung theils in, theils gegen die Richtung der electrischen Kräfte vor sich, so dass theils von, theils gegen dieselben Arbeit geleistet wird. Wir wollen uns einen positiv geladenen Körper vorstellen, so leisten wir Arbeit, wenn wir jene Einheit näher an ihn heranbringen. Die Arbeit, welche wir leisten, wenn wir mit der Einheit aus unendlicher Ferne bis zu einem bestimmten Punkte herankommen, heisst das Potential in jenem Punkte. Es wird um so grösser, je näher wir dem Körper kommen, und ist am grössten auf seiner Oberfläche. Handelt es sich um einen negativ geladenen Körper, so leisten die electrischen Kräfte jene Arbeit, und wir sprechen dann von einem negativen Potential.

Man sieht sofort, dass unter dem Einfluss der electrischen Kräfte frei bewegliche positive electrische Mengen von den Orten höheren Potentials zu solchen niederen Potentials fallen, wobei eine entsprechende Arbeit von den Kräften geleistet wird; negative Mengen bewegen sich in umgekehrter Richtung.

Auf der Oberfläche eines geladenen Leiters ist die Electricität im Gleichgewichte, es tritt keine Bewegung derselben ein; mithin ist auf der ganzen Oberfläche das Potential dasselbe, sie ist eine Fläche gleichen Potentials (Aequipotentialfläche).

Da alle frei beweglichen Electricitätsmengen, sowohl

positive als negative, nach der Erde abfliessen, so kann die Erde als der Ort mit dem Potential O gelten.

130. Wir können einen Leiter nicht bis zu beliebig hohem Potential laden, sondern das erreichbare Potential hängt von der geometrischen Gestalt und der physikalischen Natur des betreffenden Körpers sowie seiner Umgebung ab; diejenige Menge, welche ihn bis zum Potential 1 ladet, heisst seine Capacität. Ist das höchste Potential bei einem Körper bereits erreicht, so wird es durch weitere Zuführung von Electricität nicht gesteigert, sondern dieselbe wird durch die Luft abgeleitet. Bei feuchter Luft, welche besser leitet, ist dieses erreichbare Maximum sehr niedrig. Capacität.

Während das Potential auf der ganzen Oberfläche eines Leiters dasselbe ist, ist die Menge, also auch die Dichte (Menge pro qcm) an den verschiedenen Stellen verschieden. Am stärksten sammelt sich die Electricität an gekrümmten Stellen, und an sehr gekrümmten, an Spitzen, kann sie sich überhaupt nicht halten, sondern zerstreut sich an die Umgebung. Dichte.

131. Leiter zeigen sich nicht nur nach Berührung, sondern auch in der Nähe eines geladenen Körpers electrisch. Ist B (Fig. 42) ein positiv geladener Conductor, und wird ein isolirter Leiter A in die Nähe gebracht, so erweist sich derselbe an dem B zugekehrten Ende negativ, an dem abgekehrten Ende positiv electrisch, während die Electricitätserregung durch Influenz.

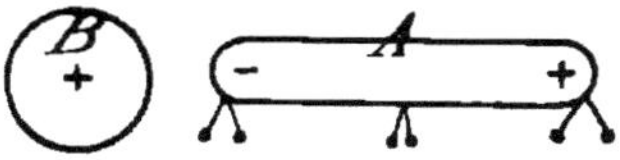

Fig. 42.

Stärke des electrischen Zustandes nach der Mitte hin abnimmt. Wird A in leitende Verbindung mit der Erde gebracht, so bleibt nur das B zugekehrte Ende electrisch; wird dann A nach Aufhebung der leitenden Verbindung von B entfernt, so zeigt es sich auf seiner ganzen Oberfläche mit der entgegengesetzten Electricität, als B, geladen.

Diese Art der Electricitätserregung nennt man Electrisirung durch Influenz. So lange B und A einander gegenüberstehen, sind, wie erwähnt, nur die zugekehrten

Enden electrisch; die dort vorhandenen Electricitäten halten sich gewissermaassen fest, sie sind, wie man es ausdrückt, gebunden, und verbreiten sich frei über die ganze Oberfläche erst nach Entfernung der beiden Körper.

Ist auf dem Conductor B bereits das höchstmögliche Potential erzeugt, so wird dasselbe, wie man sieht, durch Näherung des zur Erde abgeleiteten Leiters A erniedrigt, da die zur Heranbringung der positiven electrischen Einheit nöthige Arbeit durch die Anziehung der erzeugten negativen Influenzelectricität vermindert wird. Man kann daher auf B noch weit mehr Electricität heraufbringen, ehe das alte Potential wiederhergestellt ist.

Ansammlungs-apparate (Condensatoren). Ein solcher Apparat, bestehend aus zwei Leitern, deren einer abgeleitet ist, welche durch eine nichtleitende Schicht, im obigen Beispiele Luft, getrennt sind, damit nicht ein sofortiger Ausgleich der beiden Electricitäten stattfindet, kann daher zur Ansammlung von Electricität dienen; man nennt ihn Ansammlungsapparat oder Condensator. Seine gewöhnlichste Form, die Leydener Flasche, ist die eines innen und aussen mit Stanniol belegten Glasbechers. Auch mit dem Electroscop wird er bisweilen verbunden; dieses besteht aus zwei Streifen Blattgold, welche an einem Metallstab hängen; durch ihre Divergenz bei Zuführung von Electricität zeigen sie den electrischen Zustand an. Man lässt nun bisweilen den Metallstab statt in eine Kugel in eine Metallplatte ausgehen, auf welche man eine andere, durch eine isolirende Firnissschicht getrennt, legt.

Spitzenwirkung. Die Influenzirung erklärt auch die im § 127 erwähnte Spitzenwirkung. Die Scheibe wirkt influenzirend auf den Conductor, ihn dadurch positiv ladend, während die negative Influenzelectricität durch die Spitzen zur Scheibe überströmt, dieselbe so durch ihre Vereinigung mit der positiven Electricität neutralisirend.

Dielectricitäts-constante. 132. Die Stärke der Influenzwirkung hängt wesentlich ausser von der Entfernung noch von dem zwischen den beiden Körpern befindlichen Medium ab. Das Verhältniss dieser

Wirkung bei einer bestimmten Dicke der Zwischenschicht zu derjenigen, welche bei der gleich dicken Luftschicht eintritt, ist eine für das Verhalten des betreffenden Mediums charakteristische Constante; man nennt sie die Dielectricitätsconstante.

Auf die Dielectrica selbst macht sich nur eine sehr schwache Influenzwirkung bemerkbar; doch nimmt das durch Influenz electrisch gewordene Dielectricum nach Entfernung des influenzirenden Körpers nur sehr allmählich den unelectrischen Gleichgewichtszustand wieder an.

133. Um durch Influenz grössere Electricitätsmengen zu erzeugen, dient die Influenz-Electrisirmaschine. Ihr Prinzip

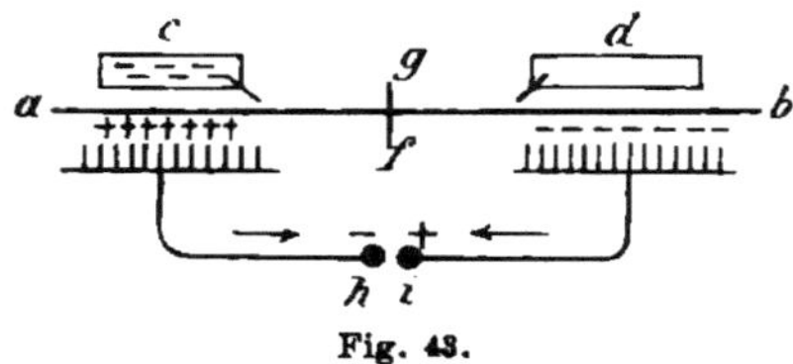

Fig. 43.

soll durch Fig. 43 erläutert werden. Der Körper c sei negativ electrisch gemacht, etwa durch Berührung mit einer geriebenen Harzplatte. Er wirkt influenzirend auf den gegenüberstehenden Spitzenkamm, so dass der Conductor h negativ electrisch wird, während die positive Electricität durch die Spitzen auf die drehbare Scheibe ab, welche die Spitzen von c trennt, übergeht. Durch Drehung um die Axe fg kommen die geladenen Theile der Scheibe vor den anderen Spitzenkamm, wo sie influenzirend wirken; dadurch kommt positive Electricität nach i, während die Scheibe unelectrisch wird. Thatsächlich wird die Scheibe nicht nur unelectrisch, sondern sogar negativ electrisch, indem die Spitze des Körpers d einen Theil der positiven Electricität der Scheibe, welche ja auch schwach influenzirt war, aufsaugt. Dadurch wird erreicht, dass c nur ganz wenig electrisch zu sein braucht, und die Maschine doch bis zu einem Maximum ihrer Wirksamkeit kommt, indem c und d immer stärker electrisch werden.

Entladung.

134. Der Ausgleich zwischen h und i findet, wenn der Potentialunterschied zwischen ihnen gross genug ist, auch ohne Berührung durch beträchtliche Entfernungen hindurch in Form eines Funkens statt. Es werden dabei Theilchen der Conductoren losgerissen und bis zum Glühen erhitzt.

Auch sonst geht die plötzliche Entladung, wenn z. B. die beiden Belegungen einer Leydener Flasche in leitende Verbindung gebracht werden, unter Wärmeentwickelung in Form eines Funkens vor sich. Stellt man in den Weg desselben Widerstände, wie Kartenblätter oder Glasplatten, so werden dieselben gewaltsam zertrümmert. Schaltet man in die Ausgleichsbahn den menschlichen Körper ein, so finden schmerzhafte Muskelcontractionen statt, so dass Zuckungen entstehen. Ueberhaupt können in der Bahn alle Wirkungen der strömenden Electricität, welche noch besprochen werden sollen, hervorgebracht werden.

Die Funkenentladung selbst besteht trotz ihrer kurzen Dauer ($^1/_{10000}$ Sec.) noch aus einer ganzen Reihe hin und her gehender Entladungen, so dass also ein Hin- und Herschwanken, ein Osciliren der Electricität, stattfindet. Das Ausströmen durch eine Spitze ist dagegen ein ganz allmähliches, wobei die Spitze selbst häufig glimmt. Man kann dies bisweilen an Blitzableitern beobachten, das sind leitend mit der Erde verbundene Stangen, welche in eine Spitze auslaufen, um die Electricität der Erde gegen die der Atmosphäre oder der Gewitterwolken allmählich zu entladen. Bisweilen geht die Entladung allerdings gewaltsam in der Form eines Funkens oder Blitzes vor sich, und hierfür haben diese Spitzen den Zweck, diese Entladung auf sich, als die Orte des höchsten entgegengesetzten Potentiales, hinzulenken.

Electricität ist eine Energieform.

135. Ueber das Wesen der Electricität wissen wir nichts. Beim Ausgleich des electrischen Zustandes wird stets Arbeit frei, umgekehrt muss stets Arbeit aufgewendet werden, um ein electrisches Potential zu erzeugen. Daher ist Electricität sicher eine Energieform, und in der That können andere

Energieformen in sie übergeführt werden, wie auch umgekehrt (cfr. §§ 141, 144, 157, 163).

Um die Erscheinungen einigermaassen zu erklären, d. h. auf einfachere zurückzuführen, hat man angenommen, dass in jedem Körper zwei sogenannte electrische Fluida in gleicher Menge vorhanden seien, welche beim Electrisiren getrennt würden. Es müssten dann immer beide electrische Zustände gleich stark erregt werden, was auch der Fall ist. *Die Hypothese der beiden Fluida.*

Die Erklärung der electrischen Erscheinungen als solcher, die durch Schwingungsenergie bedingt sind, ist noch nicht weit genug ausgebildet, um im Rahmen eines Lehrbuches erörtert zu werden. Es ist daher immerhin werthvoll, sich die Hypothese der Fluida zu merken, da man auch durch sie eine ziemlich grosse Fülle von Erscheinungen unter einen einheitlichen Gesichtspunkt bringen und die Erscheinungen selbst leicht im Gedächtniss behalten kann. Die Ableitung der vorgeführten Thatsachen aus der Hypothese der Fluida bietet keine Schwierigkeit und sei daher dem Leser empfohlen.

B. Die magnetischen Erscheinungen.

136. Mit den electrischen nahe verwandt sind die magnetischen Erscheinungen. Auch der magnetische Zustand, welcher zuerst bei einem Mineral, dem natürlichen Magneteisenstein, $Fe_3 O_4$, beobachtet wurde, äussert sich durch eine Kraftwirkung auf andere Körper, jedoch nicht gleichmässig auf alle, sondern auf kleine Eisenstücke. Diese erleiden in der Nähe eines magnetischen Körpers eine Einwirkung, zufolge deren sie sich nach dem Magneten hinbewegen und an ihm haften; auch erlangen sie selbst die Fähigkeit der magnetischen Anziehung, so lange sie sich in der Nähe eines Magneten befinden; dagegen geht der magnetische Zustand nicht, wie der electrische, durch blosse Berührung auf das Eisen über, sondern dieses erweist sich, sobald es vom Magneten entfernt ist, wieder unmagnetisch. *Der magnetische Zustand.*

Verschiedenes
Verhalten von
weichem Eisen
und Stahl.

Dagegen kann in gehärtetem Eisen, Stahl, zu dessen magnetischer Erregung stärkere magnetische Kräfte erforderlich sind, dauernd der magnetische Zustand hervorgerufen werden.

Man kann annehmen, dass er auf einer bestimmten Anordnung der Molecüle beruht, dass die Molecüle des weichen Eisens mit Leichtigkeit aus ihrer Gleichgewichtslage in diese neue, den Magnetismus bedingende gebracht werden, und nach Aufhören der wirkenden Kraft wieder in ihre Gleichgewichtslage zurückfallen, dass beim Stahl dagegen gegen eine gewisse innere Reibung gearbeitet werden muss, wenn die Molecüle in eine neue Lage kommen sollen, und dass diese Reibung sie auch verhindert, nach Aufhören der wirkenden Kraft ohne Weiteres in die alte Lage zurückzufallen.

Die Eigenschaft des Stahles, einmal erregten Magnetismus zu behalten, bezeichnet man mit dem Namen: Coercitivkraft. Es beruht darauf die Herstellung künstlicher Magnete.

Zwei Arten des
Magnetismus.

137. Während der electrische Zustand über der ganzen Oberfläche eines Leiters verbreitet ist, erscheint der magnetische stets nur vorzugsweise an bestimmten Stellen, den sogenannten Polen. Die nähere Untersuchung zeigt, dass es ebenso, wie es zwei electrische, so auch zwei entgegengesetzte magnetische Zustände giebt, welche man auch als positiv und negativ bezeichnen kann. Auch hier gilt das Gesetz, dass gleichnamige Pole sich abstossen, ungleichnamige sich anziehen; für die Stärke dieser Kraftwirkung gilt ebenfalls das Coulomb'sche Gesetz (cfr. § 126). Dieses Gesetz wird natürlich ebenso wie in § 128 zur Aufstellung einer magnetischen Einheit verwendet; ferner wird, analog wie im § 129, hier der Begriff des magnetischen Potentials eingeführt. Doch ist zu beachten, dass das in irgend einem Raumpunkte wirklich vorhandene Potential sich stets erst durch die Berücksichtigung der Kraftwirkung mindestens zweier entgegengesetzter Pole ergiebt; denn es ist unmöglich, einen einzelnen Magnetpol herzustellen. Zerbricht man einen Magnetstab, so sind wiederum zwei Magnete mit je zwei Polen an den Enden

entstanden, auch wenn die Bruchstelle vorher unmagnetisch war. Diese Thatsache hat zu der Anschauung geführt, dass die Eisenmolecüle selbst Magnete sind, welche ungeordnet durch einander liegen, so dass die Wirkung der verschiedensten Pole sich gegenseitig vernichtet; werden die Molecüle aber durch die Einwirkung eines anderen stärkeren Magneten sämmtlich in die gleiche Richtung gebracht, so erscheint das Eisen an den entgegengesetzten Enden, wo nun freie entgegengesetzte Magnetpole stehen, entgegengesetzt magnetisch, während in der Mitte die Kraftwirkung aufgehoben ist.

138. Ist ein Magnetstab in der Horizontal-Ebene frei beweglich aufgehängt, so nimmt er stets eine bestimmte Richtung an, und zwar weist das eine Ende ungefähr nach Norden, das andere also ungefähr nach Süden. Man unterscheidet daher auch die beiden Arten des magnetischen Zustandes als Nord- und Südmagnetismus, indem man das nach Norden weisende Ende den Nordpol nennt, das andere den Südpol. Die Richtung eines Magneten, gewöhnlich in der Form einer Nadel, zeigt, dass auf den verschiedenen Punkten der Erde sich eine magnetische Kraft bemerkbar macht. Ihre Richtung kann man genau nur erkennen, wenn man die Magnetnadel auch in der Verticalebene beweglich macht. Es zeigt sich alsdann, dass die Nadel auf der nördlichen Halbkugel sich mit dem Nordpol nach unten neigt, und zwar um so stärker, je weiter man nach Norden kommt, auf der südlichen Halbkugel mit dem Südpol.

139. Die Abweichung der Magnetnadel von der geographischen Nord-Süd-Richtung, Declination, und von der Horizontalebene, Inclination, bestimmen neben der Intensität der Einwirkung vollständig den magnetischen Zustand der Erde in einem Punkte. Verbindet man auf einer Karte diejenigen Orte, an welchen je eines dieser Elemente gleich gross ist, durch Linien, so kann man mit einem Blick den magnetischen Zustand auf der ganzen Erde übersehen. Werden solche magnetischen Karten der Erde zu verschiedenen Zeiten angefertigt, so zeigen sie erhebliche Abweichungen von einander.

Der magnetische Zustand der Erde ändert sich beständig und zwar in periodischen Schwankungen von jahrhundertelanger Periode. Daneben erleidet er auch noch im Laufe eines Tages periodische Aenderungen von geringer Grösse. Ueber die Ursache dieser Aenderungen, welche vielleicht mit Temperaturperioden zusammenhängen, lässt sich Gewisses noch nicht aussagen.

Diamagnetismus.

140. Hat man sehr starke magnetische Kräfte zur Verfügung, wie sie durch Electromagneten geliefert werden (cfr. § 159), so kann man bemerken, dass nicht nur Eisen, sondern alle Stoffe magnetisch beeinflusst werden, und zwar werden einige, wie Eisen, von einem Magnetpol angezogen, andere, wie Wismuth, abgestossen. Diese letzteren nennt man **diamagnetisch.** Den Diamagnetismus kann man auf den Magnetismus durch die Annahme zurückführen, dass alle Körper von einem Magnetpol angezogen werden, die einen mehr, die anderen weniger; dann muss ein Körper, welcher sich in einem stärker magnetischen Medium befindet, scheinbar abgestossen werden, wie ja auch schwere Körper, welche sich in einem schwereren Medium befinden, scheinbar von der Erde abgestossen werden (cfr. § 32). Thatsächlich erscheint ein Glasstäbchen in Luft magnetisch, in einer Eisenchloridlösung dagegen diamagnetisch.

C. Die Gesetze der strömenden Electricität.

Strömende Electricität.

141. Setzt man bei der Electrisirmaschine (§ 127) das Reibzeug nicht in leitende Verbindung mit der Erde, sondern mit einem isolirten Conductor, so wird auf demselben ein negatives Potential erzeugt. Bringt man diesen Conductor in die Nähe des anderen, auf dem ein positives Potential erzeugt wird, so kann zwischen beiden ein gewaltsamer Ausgleich in Funkenform stattfinden, wie auch zwischen den Conductoren h und i der Influenzelectrisirmaschine (§ 133). Werden aber die Conductoren direkt in leitende Verbindung

gesetzt, so wird alsbald ein Ausgleich in der Verbindungsbahn stattfinden, indem die positive Electricität von dem Ort
des positiven zu dem des negativen Potentials, die negative
umgekehrt fällt. Es wird bei solcher Anordnung trotz aller
Arbeit beim Drehen nicht möglich sein, die Conductoren zu
laden, sondern es wird während des Drehens ein beständiger
Ausgleich in der Verbindungsbahn der beiden Conductoren
stattfinden, die beständig erzeugten Potentialdifferenzen werden ebenso beständig vernichtet. Man sagt alsdann, es zir-
culirt zwischen den beiden Conductoren eine electrische Strömung. Die beim Drehen aufgewendete Arbeit ist hierbei
nicht verloren gegangen, sondern erscheint als Energie der
electrischen Strömung wieder und kann durch die Wirkungen
derselben in andere Energieformen übergeführt werden, wovon im Abschnitt D gehandelt wird.

142. Galvani bemerkte zuerst das Circuliren einer Galvanischer
Strom.
electrischen Strömung in Froschschenkeln, welche er vermittels eines kupfernen Hakens an einem eisernen Geländer
aufgehängt hatte; die Strömung circulirte, sobald die Schenkel
das Geländer berührten, und machte sich durch Zucken der
Schenkel bemerkbar. Nach ihm nennt man die electrische
Strömung auch galvanischen Strom. Bei der geschilderten
Erscheinung entsteht die Frage nach dem Sitz und dem Ur-
sprung der die Strömung bedingenden Potentialdifferenz.

Als den Sitz der Potentialdifferenz erkannte Volta die Volta's Funda-
mentalversuch.
Berührungsstelle zweier verschiedenen Metalle, oben von Eisen
und Kupfer. Zum Nachweis derselben erfand er das Electroscop mit Condensatorvorrichtung (§ 131). Wurden die
beiden Platten desselben, etwa Zink und Kupfer, durch einen
Zink- oder Kupferdraht verbunden, nach einiger Zeit die
Verbindung aufgehoben und die obere Platte entfernt, so
zeigte sich das Electroscop electrisch, und zwar positiv, wenn
es mit dem Zink verbunden war, negativ, wenn mit dem
Kupfer, also die obere, abgehobene Platte die Zinkplatte gewesen war.

Wenn es auch unzweifelhaft ist, dass an der Berührungsstelle zweier verschiedenen Metalle unter den geschilderten Verhältnissen eine Potentialdifferenz vorhanden ist, so ist damit noch nicht die Frage nach der Ursache derselben erledigt. Die Ansicht Volta's, die sogenannte Contacttheorie, dass die Berührung selbst die unmittelbare Veranlassung der Potentialdifferenz ist, für welche er den Namen: electromotorische Kraft einführte, findet auch heute noch Vertreter, und lässt sich allerdings auch mit dem Energieprinzip in Einklang bringen; eine andere Ansicht, die chemische Theorie, welche immer weiter um sich greift, soll später (cfr. § 144) kurz erläutert werden.

Die Erhaltung der Energie und die Spannungsreihe.

143. Bei der Anschauung der Contacttheorie liegt es nahe, zu versuchen, dadurch einen galvanischen Strom zu erzeugen, dass man den Electricitäten an den Orten mit verschiedenem Potential, also zu beiden Seiten der Berührungsstelle der verschiedenen Metalle, einen Weg zum Ausgleich bietet. So würde man eine constante Strömung haben, da an der Berührungsstelle sich immer wieder dieselbe Potentialdifferenz herstellen müsste, genau so, wie wir uns im § 141 durch das Drehen beständig auf den beiden Conductoren eine Potentialdifferenz herstellten. Während dort aber das Aequivalent für die Energie der Strömung in der Arbeit des Drehens bestand, würde hier in der Strömung Energie ohne aufgewendete Arbeit erzeugt sein. Eine solche Anordnung ist daher eo ipso unmöglich. Volta allerdings, welcher 50 Jahre vor Robert Mayer lebte, zog diese Schlussfolgerung nicht, sondern hielt nur eine solche Anordnung metallischer Leiter für unmöglich, weil er für diese das Gesetz fand, dass sie sich in eine Reihe, die sogenannte Spannungsreihe, ordnen lassen, so dass jedes Metall, mit einem folgenden berührt, positiv, mit einem vorhergehenden berührt, negativ electrisch erscheint. Ferner ist die bei der Berührung zweier Metalle der Reihe zu Tage tretende Potentialdifferenz gleich der Summe derjenigen, welche auftreten, wenn man sie mit einem in der Reihe zwischen ihnen liegenden Metall einzeln zur Berührung bringt.

Deshalb suchte Volta nach anderen Leitern, welche die Electricität zwar leiten, selbst aber keine electromotorischen Kräfte bei der Berührung mit Metallen erregen sollten, und glaubte sie in verschiedenen Flüssigkeiten gefunden zu haben, welche er daher im Gegensatz zu den Metallen Leiter zweiter Klasse nannte. Seine Anordnung war nun Zink, Kupfer, Flüssigkeit, welche sich wiederholte, und thatsächlich erhielt er an den Enden dadurch eine stärkere Potentialdifferenz, und bei Verbindung derselben einen galvanischen Strom. Das ganze System nannte man eine Volta'sche Säule. Später wurde ihm die Form gegeben, dass die Metalle in die Flüssigkeit, welche sich, um ihr Auspressen zu vermeiden, in Bechergläsern befand, eintauchten; ein solches Glas nennt man ein Element, eine Reihe von Elementen eine Voltasche Kette oder galvanische Batterie.

144. Bei dem Vorgang in der Kette spielen nun die Leiter zweiter Klasse, welche man heute allgemein Electrolyten nennt, eine sehr wichtige Rolle; einerseits treten gerade an den Berührungsstellen der Electrolyten mit den Metallen bedeutende Potentialdifferenzen auf, gegen welche die der Metalle unter einander kaum in Betracht zu ziehen sind, andererseits erleidet jeder Electrolyt, wenn ein Strom zu Stande kommen soll, chemische Veränderungen; bei den hierbei erfolgenden Umlagerungen der Molecüle wird stets chemische Energie genau in dem Betrage frei, als die Energie des erzeugten Stromes beträgt. Bei jeder Anordnung, bei welcher chemische Veränderungen, durch welche Energie frei wird, nicht eintreten können, ist es auch unmöglich, eine electrische Strömung zu erhalten.

Es hat sich daher die Ansicht, die schon erwähnte chemische Theorie, ausgebildet, dass moleculare Umlagerungen auch die Potentialdifferenzen erzeugen, welche bei Berührungen von Metallen in die Erscheinung treten. Nach dieser Ansicht kann man niemals mit ganz reinen Metallen arbeiten, sondern alle oxydirbaren Metalle überziehen sich stets in der Luft mit einer dünnen Oxydschicht, welche auch auf dem bestpolirten Metalle haftet; bei diesem chemischen Vorgange der Oxydation wird neben der Verbrennungswärme auch eine electrische Potentialdifferenz erzeugt, und zwar wird das Oxyd positiv, das Metall negativ electrisch.

Auf die weitere Ausführung dieser Theorie kann indess in diesem Buche nicht eingegangen werden, sondern diese kurzen Andeutungen müssen hier genügen.

Die galvanische Polarisation und der Polarisationsstrom. 145. Eine Reihe von Volta'schen Bechern bleibt nicht lange in Wirksamkeit, sondern der erzeugte Strom nimmt rasch an Stärke ab und hört bald völlig auf. Der schliessliche Effect der chemischen Vorgänge im Electrolyten ist nämlich der, dass an den beiden in die Flüssigkeit tauchenden Metallen, den Electroden, Wasserstoff und Sauerstoff in dem Verhältnisse auftreten, in welchem sie im Wasser enthalten sind, und zwar Sauerstoff an demjenigen Metalle, von welchem der positive Strom zur Flüssigkeit geht, der Anode, Wasserstoff am andern Metalle, der Kathode.

Diese Belegung der Platten mit Gas nennt man galvanische Polarisation. Durch sie entsteht eine Potentialdifferenz, deren Erklärung vom Standpunkt der chemischen Theorie freilich noch Schwierigkeiten bietet, und ein Strom in der dem Hauptstrom entgegengesetzten Richtung, wodurch der Hauptstrom geschwächt und schliesslich zum Aufhören gebracht wird. Dass wirklich zwei mit Sauerstoff und Wasserstoff belegte Metallplatten, welche in einen Electrolyten tauchen und metallisch verbunden sind, einen galvanischen Strom in der Richtung von der mit Wasserstoff belegten Platte nach der mit Sauerstoff belegten geben, davon kann man sich überzeugen, indem man diese Belegung ohne Strom auf mechanischem Wege erreicht, und dadurch ein stromgebendes Element erhält. Eine Reihe solcher Elemente nennt man nach ihrem Erfinder eine Grove'sche Gasbatterie.

Constante Ketten. 146. Um die galvanische Polarisation, also die Belegung der Electroden mit Sauerstoff und Wasserstoff, zu vermeiden, und so Elemente zu erhalten, deren Wirkung längere Zeit hindurch ungeschwächt erhalten bleibt, sind eine Unzahl von

Combinationen ersonnen, von denen einige wichtige und häufig gebrauchte hier beschrieben werden sollen. Man verwendet dabei gewöhnlich zwei Flüssigkeiten, welche durch eine poröse Thonzelle getrennt werden.

a) Beim Daniell'schen Element taucht Zink in verdünnte Schwefelsäure (H_2SO_4), Kupfer in eine Lösung von Kupfervitriol ($CuSO_4$). Der positive Strom geht vom Zink durch die Flüssigkeit zum Kupfer. Das Zink wird vom Sauerstoff angegriffen, und es bildet sich daselbst Zinksulfatlösung; der frei werdende Wasserstoff bildet mit den an der Kathode frei werdenden Stoffen wieder Schwefelsäure, während sich metallisches Kupfer auf der Kupferplatte niederschlägt. Das Ende erreicht der Process und der Strom erst, wenn alles Zink verbraucht oder alles Kupfer aus dem Kupfervitriol ausgefällt ist. *Daniell's Element.*

b) Beim Grove'schen Element ist als Anode auch Zink in verdünnter Schwefelsäure benutzt, während als Kathode Platin in concentrirter Salpetersäure angewendet wird. Der frei werdende Wasserstoff dient hier zur Reducirung der Salpetersäure. *Grove's Element.*

c) Das Bunsen'sche Element ist vom Grove'schen nur dadurch unterschieden, dass das theure Platin durch die billige Retortenkohle ersetzt ist. *Bunsen's Element.*

d) Bei dem weit verbreiteten Leclanché'schen Braunsteinelement befindet sich in dem porösen Thoncylinder eine Kohlenplatte, welche von einem Gemenge aus Körnern von Kohle und Braunstein (Mangansuperoxyd, MnO_2) umgeben ist, während ausserhalb des Thoncylinders sich Zink in einer koncentrirten Salmiaklösung befindet. Dieses verbindet sich mit dem Chlor des Salmiaks zu einer Lösung von Chlorzink, während sich in der Thonzelle Ammoniak und Wasser bilden, indem das Mangansuperoxyd zu Manganoxyd reducirt wird. *Leclanché's Element.*

e) Viel benutzt wird auch das Chromsäure-Element von Bunsen. Hier ist die Thonzelle entbehrlich, weil man *Chromsäure-Element.*

nur eine Flüssigkeit, eine Lösung von doppelt-chrom-
saurem Kali in Schwefelsäure, anwendet. In die Lösung tauchen eine oder mehrere Kohlen- und Zinkplatten, welch letztere man bei Nichtbenutzung des
Elementes aus der Flüssigkeit herausheben kann. Auch
hier bildet sich Zinksulfatlösung, während das Kali
und Chrom das Doppelsalz Chromalaun bilden und das
gebildete Wasser zur Verdünnung der Lösung beiträgt.

Accumula-
toren.

147. In jüngster Zeit finden auch die sogenannten Secun-
där-Elemente oder Accumulatoren eine immer weiter gehende
Bedeutung. Die in die Flüssigkeit eintauchenden Platten sind
hier Blei, deren eine jedoch mit einer Schicht von Bleisuperoxyd überzogen ist, während an der Oberfläche der anderen
Wasserstoff occludirt ist. Der positive Strom geht vom
Wasserstoff zum Bleisuperoxyd; an der mit Wasserstoff belegten Platte scheidet sich Sauerstoff aus, welcher mit dem
vorhandenen Wasserstoff Wasser bildet, während die andere
Platte durch den sich ausscheidenden Wasserstoff zu Blei
reducirt wird.

Ueber die Art, wie die Platten mit ihren Schichten überzogen, d. h. geladen werden, sollen im § 153 noch wenige
Worte gesagt werden.

Electromotori-
sche Kraft,
Intensität und
Widerstand.

148. Drei Grössen sind es, welche einen galvanischen
Strom vollständig bestimmen: Die Potentialdifferenz
(electromotorische Kraft), durch welche er hervorgebracht wird, die Leitungsfähigkeit oder der Widerstand des Materials, welches das Strömen vermittelt, und
die Stärke oder Intensität der Strömung. Letztere ist,
wie bei jeder Strömung, die in der Zeiteinheit durch den
Querschnitt gehende Menge; diese messen wir durch irgend
eine Wirkung des Stromes, und zwar entweder durch eine
magnetische Wirkung (im Galvanometer, cfr. § 158)
oder durch eine chemische (im Voltameter, cfr. § 154).
Diese Wirkung, also auch die Intensität, verdoppelt und verdreifacht sich, wenn die electromotorische Kraft unter sonst
gleichen Umständen sich verdoppelt und verdreifacht, was

man leicht erreichen kann, indem man zwei oder drei gleich-
artige Elemente hinter einander zu einer Batterie verbindet.
Verlängert man dagegen unter sonst gleichen Umständen
den Schliessungsdraht der Batterie, so sinkt die Stromstärke proportional dieser Verlängerung; dagegen wächst sie
proportional der etwaigen Vergrösserung des Querschnittes
des Schliessungsdrahtes. Wir werden daher schliessen, dass
die Intensität proportional dem Querschnitt, umgekehrt proportional dem Widerstande ist, dass der Widerstand proportional der Länge, umgekehrt proportional dem Querschnitt
der Leitungsbahn ist.

Der erste Satz, welcher den Namen des Ohm'schen
Gesetzes führt, lautet in mathematischer Form, wenn
E, J. W die electromotorische Kraft, die Intensität, den
Widerstand bedeuten, und die Einheiten so festgesetzt werden, dass der Proportionalitätsfaktor gleich 1 wird:

$$J = E : W \text{ oder } J\,W = E.$$

Die mathematische Form des anderen Satzes ist, wenn
l und q Länge und Querschnitt bedeuten:

$$W = k \cdot \frac{l}{q}.$$

Der Proportionalitätsfaktor k zeigt an, dass der galvanische Widerstand auch von dem Materiale selbst abhängt.
Durch passende Wahl der Einheiten kann man ihn in einem
bestimmten Materiale gleich 1 machen, was gewöhnlich für
$l = 1$ m, $q = 1$ qmm für Quecksilber geschieht; die so er-
haltene Widerstandseinheit führt den Namen der Siemens-
schen Einheit (S. E.). Die Zahlen, welche man dann in
anderen Stoffen für k erhält, geben deren specifischen
Leitungswiderstand, ihre reciproken Werthe das specifische Leitungsvermögen an. Nach diesem ordnen
sich die Metalle in dieselbe Reihe, wie für das Wärmeleitungsvermögen, ja, man erhält sogar dieselben Zahlen, so
dass das galvanische und das Wärmeleitungsvermögen der
Metalle proportional ist. Neuere Versuche über die Licht-
geschwindigkeit in den Metallen haben ergeben, dass auch

diese Grösse, welche man wohl als Lichtleitungsfähigkeit bezeichnen kann, jenen proportional ist.

Neben- und Hintereinander- schaltung.

149. Der Widerstand, welchen der galvanische Strom findet, ist nicht nur in der äusseren Leitungsbahn, sondern auch im Elemente selbst vorhanden. Man theilt ihn daher in einen inneren und äusseren, welche man auch als den wesentlichen und ausserwesentlichen unterscheidet. Bezeichnen wir den ersteren mit w, den letzteren mit w_1, so ist der Ausdruck des Ohm'schen Gesetzes $J = \dfrac{E}{w + w_1}$. Vergrössert man die Platten des Elementes, so ist klar, dass die Potentialdifferenz nicht geändert wird, wohl aber der innere Widerstand abnimmt. Eine gleiche Wirkung wird erzielt, wenn man bei mehreren Elementen sämmtliche Kohlenplatten unter sich und ebenso sämmtliche Zinkplatten unter sich verbindet (Nebeneinanderschalten von Elementen). Verbindet man dagegen immer die Kohlenplatte des einen mit der Zinkplatte des folgenden Elementes (Hintereinanderschalten von Elementen), so sieht man, dass die Summe der Potentialdifferenzen im Stromkreis steigt, aber auch der innere Widerstand wegen der Verlängerung der Flüssigkeitsstrecke. Das Ohm'sche Gesetz lautet im ersten Falle:

$$J = \frac{E}{\dfrac{w}{n} + w_1}, \quad \text{im zweiten} \quad J = \frac{n \cdot E}{nw + w_1}.$$

Man sieht sofort, dass man durch die erste oder zweite Schaltungsweise ein Wachsen der Intensität erreicht, je nachdem man den äusseren Widerstand w_1 gegen den inneren w, oder umgekehrt w und nw gegen w_1 vernachlässigen darf. Die nähere mathematische Behandlung zeigt, dass bei gegebenem äusserem Widerstande durch eine gegebene Anzahl Elemente mit gegebenem innerem Widerstande für jedes derselben das mögliche Maximum der Intensität durch eine solche Schaltung der Elemente erreicht wird, dass der gesammte innere Widerstand dem äusseren gleich wird.

Die Kirchhoff- schen Regeln.

150. Von besonderer Wichtigkeit sind noch die Verhält-

nisse an Stromkreuzungsstellen und in Stromverzweigungen. Sie werden durch die beiden Kirchhoff'schen Regeln angegeben.

Die erste sagt aus, dass an einer Kreuzungsstelle zu jeder Zeit ebensoviel Electricität abströmen muss, als zuströmt, oder dass die Summe der stromfortführenden Intensitäten gleich ist der Summe der stromzuführenden. Zählt man die einen positiv, die andern negativ, so erhält man die algebraische Summe gleich 0, und somit die mathematische Form:

$$\Sigma J = 0.$$

Die zweite ist eine Verallgemeinerung des Ohm'schen Gesetzes und sagt aus, dass in einem geschlossenen Stromkreis die Summe aller Produkte aus Intensität und Widerstand, jede dieser Grössen für die Strecke genommen, für welche sie constant ist, gleich ist die Summe der in dem Stromkreis vorhandenen Potentialsprünge (electromotorischen Kräfte). Die mathematische Form dieser Regel ist somit:

$$\Sigma J \cdot W = \Sigma E.$$

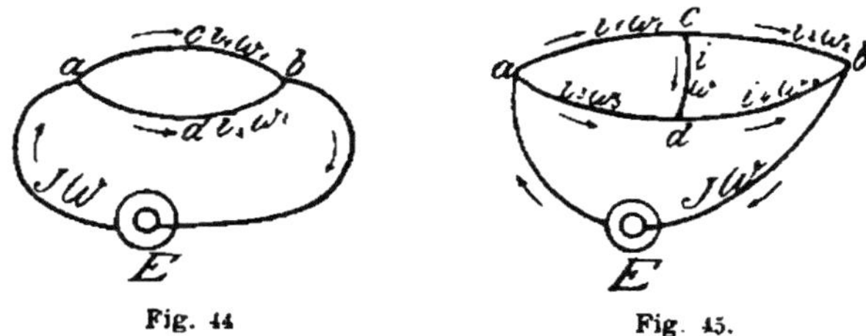

Fig. 44. Fig. 45.

151. Wir wollen zwei Anwendungen der Kirchhoff'schen Regeln kurz erläutern:

a) Die Stromschleife ist in der wohl ohne Erläuterung Stromschleife. verständlichen Fig. 44 dargestellt. In dem Stromkreis $acbda$ befindet sich nirgends ein Potentialsprung, daher ist die linke Seite der zweiten Kirchhoff'schen Gleichung für diesen Kreis gleich Null. Man erhält dann leicht die Beziehung, dass die Intensitäten in den Strecken acb und adb sich umgekehrt verhalten, wie die Widerstände daselbst, also: $i_1 : i_2 = w_2 : w_1$.

Angewendet wird eine solche Stromschleife, wenn man an irgend einer Stelle ein Herabdrücken der Intensität erreichen will.

b) Die Wheatstone'sche Brücke, Fig 45, ist wohl auch ohne nähere Erläuterung verständlich. Die Rechnung zeigt, dass die Intensität in der Brücke cd gleich 0 ist, wenn die über Kreuz genommenen Widerstandsprodukte gleich sind, also

$$w_1 . w_4 = w_2 . w_3,$$

welcher Bedingung man auch die Form geben kann:

$$w_1 : w_2 = w_3 : w_4.$$

Da man im Stande ist, sehr empfindliche Galvanometer zu construiren (cfr. § 158), so kann man die stromlose Einstellung der Brücke stets erreichen, wofern man nur beliebigen Widerstand an irgend einer Stelle ein- und ausschalten kann; Apparate, welche dieses gestatten, heissen Rheostate. Man sieht, dass man dann durch obige Gleichung im Stande ist, aus drei bekannten Widerständen einen vierten unbekannten zu berechnen.

D. Die Wirkungen der strömenden Electricität.

152. Wir wollen die Stromwirkungen in zwei Gruppen theilen, in solche innerhalb und ausserhalb der Strombahn.

Innerhalb haben wir physiologische, chemische und thermische Wirkungen zu unterscheiden, ausserhalb der Bahn die Wirkung auf Magnete und weiches Eisen (electromagnetische Wirkung), auf Ströme (electrodynamische) und auf Stromleiter (Inductions-Wirkung).

a) Wirkungen innerhalb der Strombahn.

153. Schaltet man in den Stromkreis den menschlichen Körper ein, so empfindet man beim Oeffnen und Schliessen des Stromes schmerzhafte Zuckungen; ähnliche Zuckungen zeigen sich auch im eingeschalteten thierischen und selbst sensitiven pflanzlichen Körper. Ein continuirlicher Strom wird, wenn er schwach ist, kaum empfunden; stärkere Ströme dagegen erzeugen eine continuirliche innere Erschütterung,

welcher bei längerer Dauer allgemeines Uebelbefinden folgt. Von heilsamer Wirkung auf die peripherischen Nerven soll die Wirkung des intermittirenden Stromes sein, weswegen bei medizinischen Apparaten für eine automatische Oeffnung und Schliessung des Stromes gesorgt sein muss (cfr. § 165).

Wie der Strom Lebenserscheinungen hervorruft, so können durch Lebenserscheinungen auch electrische Ströme hervorgebracht werden. Am bekanntesten ist dies von den electrischen Fischen, Zitteraal, Zitterrochen und Zitterwels, von welchen man bei Berührung mit zwei Körperstellen einen electrischen Schlag erhält.

154. Es ist bereits erwähnt, dass alle Electrolyten durch den Strom zersetzt werden, ja, dass ohne eine Zersetzung überhaupt kein Strom durch sie hindurchgeht. Leitet man denselben Strom durch verschiedene Electrolyte, so ergiebt sich das nach Faraday benannte electrolytische Grundgesetz, dass von allen Electrolyten durch denselben Strom stets chemisch äquivalente Mengen ausgeschieden werden.

Die zersetzten Mengen selbst sind, wie schon erwähnt, stets den Stromstärken, wenn dieselben durch ein Galvanometer gemessen werden, proportional. Deshalb kann man die Intensitäten, wie ebenfalls schon erwähnt, auch durch die zersetzten Mengen messen.

Leitet man den Strom durch eine Zelle mit angesäuertem Wasser, und fängt man den sich entwickelnden Wasserstoff und Sauerstoff in einem gemeinsamen Behälter auf, so ist die Intensität durch die Menge des entwickelten Knallgases gemessen; ein solches Instrument heisst Knallgasvoltameter.

Leitet man den Strom durch eine Zelle mit Kupfervitriol und benutzt Kupfer auch als Electroden, so schlägt sich auf der Kathode metallisches Kupfer nieder, während an der Anode Kupfer gelöst wird. Benutzt man die Menge desselben zur Messung der Stromintensität, so heisst das Instrument Kupfervoltameter.

Je nach der Art der zersetzten Substanz spricht man noch von anderen Voltametern.

Galvano-
plastik.

Es sei hier noch kurz daran erinnert, dass der metallische Niederschlag bei der galvanischen Zersetzung in der Technik eine grosse Anwendung behufs Vergoldung, Versilberung etc. der verschiedensten Gegenstände findet.

Accumulatoren.

Schliesslich sei noch erwähnt, dass auch die Ladung der Accumulatoren (cfr. § 147) auf electrischem Wege geschieht, indem man Bleiplatten in ein Gefäss mit angesäuertem Wasser stellt, durch welches man einen Strom schickt.

Hypothese über die Electrolyse.

155. Ueber das Wesen der Electrolyse, d. i. der Zersetzung der Electrolyte durch den Strom, hat man sich die Anschauung gebildet, dass nur solche Körper Electrolyte seien, welche sich bereits im Dissociationszustande befinden, dass in den Electrolyten also nicht dieselben Atome ein beständiges Molecül bilden, sondern dass stets eine Anzahl Molecüle auseinanderfallen und dass deren Atome mit anderen wieder zu Molecülen zusammentreten, welche nun wieder zum Theil zerfallen. Tritt nun durch den Strom eine auch noch so geringe Kraft auf, welche bei der Bewegung der Bestandtheile (Jonen) eine Richtung bevorzugt, so wird der positiv geladene Bestandtheil im Ueberschuss an der Kathode, der negativ geladene an der Anode auftreten. Es wird also der schwächste Strom genügen, die Electrolyse einzuleiten.

Bemerkt mag noch werden, dass ganz reines Wasser kein Electrolyt ist; die Wasserzersetzung ist stets erst eine secundäre Wirkung der Jonen auf das Wasser.

Thermische Wirkungen. Joule's Gesetz.

156. Wenn die Stromenergie in keiner andern Weise ausgegeben wird, so verwandelt sie sich in der Leitungsbahn in Wärme. Dieselbe ist proportional dem Widerstande und dem Quadrate der Intensität, welchen Satz man das Joulesche Gesetz nennt. Seine mathematische Form ist:

$$Q = c \cdot W \cdot J^2,$$

wo Q die entwickelte Wärmemenge bedeutet.

Glühende Platindrähte.

Durch die entwickelte Wärme kann ein Leitungsdraht leicht zum Glühen gebracht werden. Galvanisch glühende Platindrähte werden in der Chirurgie vielfach zum Fortbrennen einzelner Theile, z. B. von Polypen benutzt. Ein wesentlicher Vortheil vor anderen Methoden besteht darin, dass man die Drähte kalt und schmerzlos an die betreffenden Stellen hinbringen kann, worauf dann die Operation in dem Bruchtheil einer Secunde beendigt ist — Dagegen haben sich glühende Metalldrähte zu Beleuchtungszwecken nicht bewährt, weil sie einerseits durchgeschmolzen, andererseits mechanisch zerstäubt werden. Man benutzt in den Glühlampen glühende Kohlefäden, welche zur Vermeidung der Verbrennung in luftleer gemachte Glasgefässe eingeschlossen werden. *Glühlicht.*

Noch in anderer Weise dient der galvanische Strom zur Beleuchtung. Geht er nämlich zwischen zwei Kohlenspitzen über, und werden letztere von einander entfernt, so wird er nicht unterbrochen, sondern Kohletheilchen werden mechanisch abgerissen und bilden eine glühende Leitungsbahn, den sogenannten Davy'schen Lichtbogen. Da die Kohlen hierbei verzehrt werden, so muss in den Lampen, welche diesen Bogen benutzen, zur Vermeidung der Stromunterbrechung bei zu grosser Entfernung der Kohlenenden durch eine Regulirvorrichtung für ein geeignetes Nachrücken der abbrennenden Kohlen gesorgt sein. *Bogenlicht.*

157. Noch eine andere Wärmewirkung kann durch den Strom hervorgebracht werden. Besteht die Leitungsbahn nämlich aus verschiedenen Metallen, so tritt an denjenigen Stellen, an welchen die verschiedenen Metalle zusammengelöthet sind, eine Erwärmung, resp. wenn der Strom in der entgegengesetzten Richtung geht, eine Abkühlung auf. Man nennt diese Erscheinung das Peltier'sche Phänomen. *Peltier's Phänomen.*

Umgekehrt werden auch in geschlossenen Metallkreisen, wenn an den verschiedenen Löthstellen Temperaturdifferenzen erzeugt werden, electrische Ströme, die sogenannten Thermoströme hervorgerufen. Da ausserordentlich geringe Temperaturdifferenzen schon ausreichen, sie hervorzurufen, so hat man sie in den Thermosäulen zum Nachweis ausserordentlich geringer Temperaturänderungen benutzt. *Thermoströme.*

b) Wirkungen ausserhalb der Strombahn.

1) Electromagnetische und electrodynamische Wirkungen.

Ablenkung der Magnetnadel. 158. Ein galvanischer Strom, welcher so um eine Magnetnadel herumgeführt wird, dass sich dieselbe in der Stromebene befindet, übt auf dieselbe eine ablenkende Wirkung, und zwar sucht er sie senkrecht auf seine Ebene zu stellen. Den Sinn dieser Ablenkung kann man sich an der Ampèreschen Regel merken, dass man den Nordpol der Nadel stets, wenn man sich mit dem positiven Strome schwimmend denkt und die Nadel ansieht, zur linken Hand abgelenkt erblickt.

Tangentenbussole. Auf die Nadel wirken zwei Kräfte, die vom Strom ausgehende senkrecht zur Stromebene wirkende, und der Erdmagnetismus, welcher die Nadel wieder in die Ebene des magnetischen Meridians zu stellen sucht. Sie stellt sich daher in die Richtung der Resultirenden beider Kräfte ein. Setzt man die ablenkende Kraft des Stromes seiner Intensität proportional, so zeigt die mathematische Betrachtung, dass sie, wenn nur die Nadel klein ist im Verhältniss zum Durchmesser des Stromkreises, proportional ist der trigonometrischen Tangente des Ablenkungswinkels. Man nennt ein solches Instrument daher Tangentenbussole.

Galvanometer. Indem man eine astatische Nadel nimmt, d. i. ein fest verbundenes Paar von zwei Magnetstäben, bei welchen der Südpol des einen neben dem Nordpol des anderen liegt, reducirt man die magnetische Wirkung der Erde auf die Differenz der Wirkungen auf die einzelnen Magnete; indem man gleichzeitig den Strom zwischen den beiden Nadeln hindurchgehen lässt, erhält man, wie sich leicht zeigen lässt, eine verstärkte Wirkung des Stromes auf die Nadeln. Führt man den Strom noch in vielen Windungen um die Nadeln (Fig 46), so kann das Instrument, Galvanometer genannt, zu einem der empfindlichsten Messinstrumente gemacht werden.

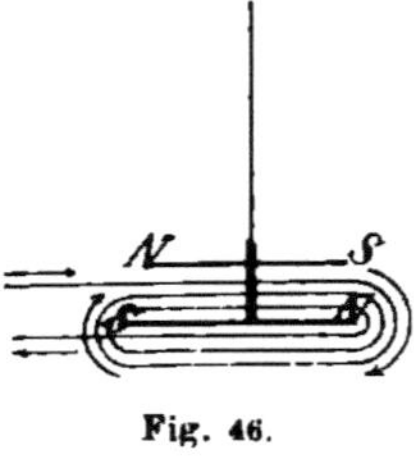

Fig. 46.

159. Steht ein Stück weiches Eisen senkrecht auf der Ebene eines Stromes, so wird es selbst zum Magneten; es verliert seinen Magnetismus, sobald der Strom geöffnet wird. Indem man starke Ströme in ausserordentlich zahlreichen Windungen um weiches Eisen, welchem man gewöhnlich die Form eines Hufeisens giebt, herumführt, kann man die stärksten magnetischen Kräfte erzeugen, welche uns überhaupt zur Verfügung stehen. Man nennt solche Vorrichtungen Electromagnete.

Sie werden am häufigsten zur automatischen Unterbrechung und Schliessung von Strömen benutzt. Die gebräuchlichste Form des Selbstunterbrechers bildet der Wagner'sche Hammer. Hierbei zieht der Electromagnet, sobald der Strom geschlossen ist, einen Eisenanker an, welcher durch eine Feder von ihm zurückgezogen wird. Indem der Eisenanker der magnetischen Einwirkung folgt, wird die Feder von einer sie berührenden Stahlspitze ein wenig entfernt, wodurch der Strom unterbrochen wird; nunmehr folgt der Eisenanker der Federkraft, dadurch kommt diese wieder mit der Platinspitze in Berührung, wodurch der Strom geschlossen wird; dann aber wiederholt sich der frühere Vorgang.

Eine weitverbreitete Anwendung finden die Electromagnete auch in der Telegraphie. Auf der zeichengebenden Station schliesst man den Strom, welcher auf der Empfangsstation um einen Electromagneten geführt ist. Indem dort nun ein Eisenanker angezogen wird, wird durch die Feder, an welcher er sitzt, ein Stift gegen einen Papierstreifen gedrückt, welcher durch ein Uhrwerk vorbeigeführt wird. So lange der Strom geschlossen bleibt, bleibt auch der Stift gegen das vorübergezogene Papier gedrückt. Auf demselben entstehen also, entsprechend der längeren oder kürzeren Dauer des Stromes, welche man durch willkürliches Oeffnen und Schliessen auf der zeichengebenden Station beliebig abändern kann, längere und kürzere Striche, sowie Punkte, aus welchen ein Alphabet zusammengesetzt ist.

160. Wie ein galvanischer Strom auf einen Magneten,

Electromagnete.

Wagner'scher Hammer.

Telegraphie.

Ströme und Magneten.

so wirkt auch ein Magnet auf einen Strom richtend ein, indem er die Stromebene senkrecht zu sich selbst, dem Magneten, zu stellen sucht. Auch unter dem Einfluss des Erdmagnetismus stellt sich ein frei drehbarer Stromkreis senkrecht zum magnetischen Meridian ein.

Ist der Stromkreis nicht nur drehbar, sondern frei beweglich, so wird er von einem festen Magneten nicht nur senkrecht gestellt, sondern auch über den Magneten hingezogen, bis er in der Mitte desselben steht; umgekehrt zieht auch der Stromkreis den Magneten durch seine Ebene hindurch, bis er über der Mitte des Magneten steht. Die Wirkung kann erheblich verstärkt werden, wenn man den Strom durch eine grössere Anzahl von Windungen gehen lässt, ein sogenanntes Solenoid nimmt; dieses kann einen Magneten völlig in sich hineinziehen, natürlich nur, wenn er mit dem geeigneten Pole ihm gegenübersteht; im anderen Falle sucht es ihn erst herumzudrehen, es macht sich also zunächst eine abstossende Wirkung bemerkbar. Ein Solenoid verhält sich daher einem Magneten gegenüber genau so, wie ein zweiter Magnet, dessen Nordpol so liegt, dass man ihn, mit dem positiven Strome schwimmend, zur linken Hand hat.

Wirkung von Strömen auf Ströme. 161. Es liegt nahe, auch die Wirkung zweier Solenoide auf einander zu untersuchen. Es zeigt sich dabei, dass sie genau so wie zwei Magnete wirken, sie ziehen sich an bei gleichgerichteten, sie stossen sich ab bei entgegengesetzt gerichteten Strömen, und suchen sich im übrigen stets parallel und gleichgerichtet einzustellen. Diese Sätze gelten ganz allgemein für zwei von Strömen durchflossene Stromkreise. Das genauere Studium der electrodynamischen Wirkung, d. i. der Einwirkung zweier Ströme auf einander, erfordert einen ziemlichen Umfang an Rechnung. Es wirkt ja jeder Theil des einen Stromkreises auf jeden Theil des anderen, und diese Wirkung ist ausser von der Intensität in den beiden Theilen auch von ihrer Entfernung und, wie sich ohne Weiteres erwarten lässt, auch von ihrer gegenseitigen Lage abhängig,

d. h. z. B. für die Theile s und σ (Fig. 47), von den
Winkeln, welche die Entfernungslinie r mit ihnen bildet. Es
kann daher nicht näher auf diese Wirkungen
eingegangen werden.

162. Das analoge Verhalten von Strömen und Magneten hat Veranlassung gegeben, das Wesen des Magnetismus auf
electrische Ströme zurückzuführen. Darnach
erscheint ein Körper deswegen magnetisch,
weil seine Molecüle von gleichgerichteten
electrischen Strömen umflossen werden. Beim weichen Eisen
dagegen werden die Ströme, welche auch dort vorhanden
sind, aber die beliebigsten Richtungen haben, erst durch den
Einfluss des nahen Magneten oder Stromes gleichgerichtet,
so dass das Magnetisiren in einem Richten der vorhandenen
Molecularströme bestände.

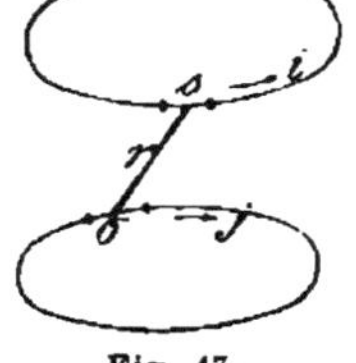

Fig. 47.

Ampère's
Theorie des
Magnetismus.

2) Die Inductionswirkungen.

163. Bewegt man einen geschlossenen Stromleiter in
der Nähe eines Stromes oder diesen in der Nähe eines geschlossenen Leiters, so wird während der Bewegung der Leiter
selbst von einem Strome durchflossen. Nennen wir den Leiter,
in welchem der erste Strom fliesst, den primären, den andern
den secundären, so ist der in diesem inducirte Strom bei
paralleler Stellung der beiden Leiter dem primären entgegengesetzt, falls sich die Leiter einander nähern, gleichgerichtet,
falls sie sich entfernen. Die zwischen dem primären und dem
secundären oder inducirten Strome auftretenden electrodynamischen Kräfte wirken daher auf die Bewegung, durch welche
der Inductionsstrom hervorgerufen wird, hemmend ein. Diese
letztere Beziehung, die Lenz'sche Regel, gilt ganz allgemein,
welche Lage auch primärer und secundärer Leiter gegen
einander haben; sie erklärt zugleich, woher die Energie des
Inductionsstromes stammt, da man gegen diese auftretenden
Kräfte zur Unterhaltung der Bewegung so viel Arbeit auf-

Inductions-
strom.

wenden muss, als in der erzeugten Stromenergie gewonnen wird.

Auch Schwankungen der Intensität wirken inducirend, und zwar wirkt Intensitätsabnahme wie eine Entfernung, Intensitätszunahme wie eine Annäherung des primären Stromes. Dieselbe Wirkung haben auch die Oeffnung und Schliessung des primären Stromes, welche man ja als plötzliche Entfernung und Annäherung auffassen kann.

Induction durch und auf Magnete. Wie die Bewegung von Strömen, so wirkt auch die von Magneten, welche ja nach der Ampère'schen Theorie aus Molecularströmen bestehen, inducirend auf Stromleiter ein. Umgekehrt ändert sich auch durch die inducirende Wirkung von bewegten Strömen die Stärke eines in der Nähe befindlichen Magneten. Ebenso wird im weichen Eisen Magnetismus durch Inductionswirkung eines Stromes hervorgerufen.

Inductionsrollen. 164. Um die Inductionswirkung zu verstärken, verfertigt man Rollen mit ausserordentlich vielen parallel neben einander liegenden Windungen, durch welche man den primären Strom schickt; jede einzelne Windung wirkt hier inducirend, und wenn man sie nicht auf einen einzelnen Stromkreis, sondern auf eine eben solche Rolle wirken lässt, so kann der secundäre Strom eine beträchtliche Stärke erreichen, welche noch vermehrt wird, wenn man in die primäre Rolle ein Bündel weicher Eisenstäbe einschiebt, da die hierin hervorgerufenen Molecularströme in gleichem Sinne wirken, wie der primäre Strom.

Extraströme. Bei einer solchen Rolle wirkt jede einzelne Windung selbst inducirend auf jede andere ein, so dass in der primären Rolle selbst ebenfalls Inductionsströme zu Stande kommen, die sogenannten Extraströme. Der Schliessungsextrastrom hat die entgegengesetzte Richtung, als der primäre, und verhindert daher das plötzliche Anwachsen desselben bis zu seiner vollen Intensität; daher dauert auch der entsprechende secundäre Strom etwas länger. Der mit dem primären gleichlaufende Oeffnungsextrastrom dagegen, welchen man durch Darbietung einer Nebenleitung leicht nachweisen kann, hat

nur die fast momentane Dauer des Funkens. Der Oeffnungs-
inductionsstrom verläuft daher schneller, wie der Schliessungs-
inductionsstrom; da er aber dieselbe Electricitätsmenge be-
fördert, so ist seine Intensität grösser. Deshalb kommt er
auch bei physiologischen Anwendungen, wo der Widerstand
ein ziemlich grosser ist, hauptsächlich zur Geltung.

165. Der gewöhnliche Inductionsapparat (Fig. 48) besteht aus der primären Rolle *ab*,
welche den Strom von der Batterie *E* empfängt, und aus der
secundären oder Inductionsrolle *cd*,
zwischen deren Enden starke Funken übergehen (Ruhmkorff'scher
Funkeninductor). Ausserdem
muss für eine beständige Schliessung
und Oeffnung des Hauptstromes
gesorgt sein, weshalb ein Wagner'scher Hammer in seine

Der Funken-
inductor.

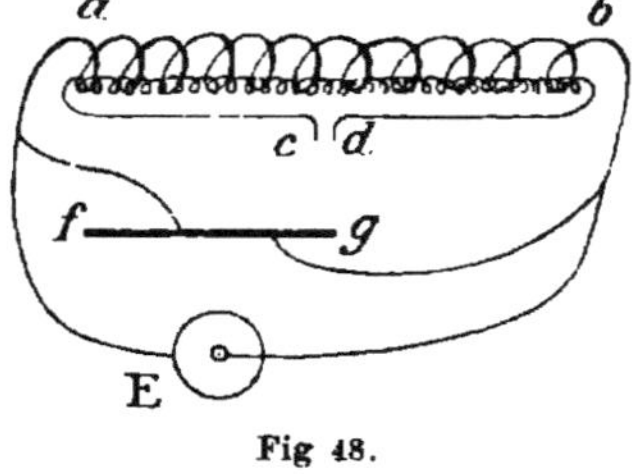

Fig 48.

Bahn eingeschaltet ist. Ferner sieht man in der Figur noch
den Fizeau'schen Condensator *fg* eingeschaltet, welcher
im Kasten des Apparates liegt und aus mehreren mit Stanniol
bekleideten Lagen Wachspapier besteht. Derselbe wird durch
den Oeffnungsextrastrom geladen und entladet sich bei der
Schliessung durch die Unterbrechungsstelle. Durch ihn wird
die Wirksamkeit des Apparates noch verstärkt, da sich die
Electricitätsmengen des Oeffnungsextrastromes hier binden,
anstatt sich im Funken auszugleichen, wodurch die Funken-
dauer und Dauer des Inductionsstromes verkürzt, also dessen
Intensität vermehrt wird.

Für medizinische Zwecke benutzt man häufig den
Dubois'schen Schlittenapparat. Auch hier hat man eine
primäre und secundäre Rolle; die letztere ist in Schienen beweglich und kann beliebig weit über die primäre herüber-
geschoben werden. Je mehr secundäre Windungen über der
primären Rolle stehen, um so stärker ist die Wirkung. Man
hat es hierbei also in der Hand, eine stärkere oder schwächere
Wirkung hervorzurufen.

Der Schlitten-
apparat.

Die Hirsch-
mann'sche
Batterie.

Gewissermaassen eine Verbindung des gewöhnlichen In-
ductoriums mit dem Schlittenapparat ist die heute in der
Medicin wohl am meisten benutzte Hirschmann'sche Batterie. Der Strom wird hier durch 60 etwas abgeänderte
Daniell'sche oder in neuester Zeit durch 40, ebenfalls etwas
modificirte Leclanché - Elemente erzeugt, welche hinter
einander geschaltet sind. Die secundäre Rolle kann auch
hier beliebig weit über die primäre geschoben oder auch ganz
von ihr fortgezogen werden; im letzteren Falle kann man
auch den Selbstunterbrecher ausschalten und nur den constanten primären Strom benutzen, welchem man durch Ein-
schaltung beliebiger Widerstände jede gewünschte Intensität
geben kann; ebenso kann man beliebig viele der Elemente
ausschalten. Im medicinischen Sprachgebrauch nennt man
speciell den constanten Strom einen galvanischen, während
man den beständig unterbrochenen Inductionsstrom einen
faradischen Strom nennt, nach Faraday, dem Entdecker
der Induction. Man faradisirt hauptsächlich, um auf die
peripherischen Nerven zu wirken, während man eine Wirkung auf Centralorgane meist durch Galvanisiren zu erreichen sucht.

Intensitätsein-
heit. 1 Ampère.

Mit der Hirschmann'schen Batterie ist auch ein Galvanometer verbunden, welches die jedesmalige Stromstärke
abzulesen erlaubt. Als Einheit der Intensität dient im absoluten, d. h. in dem auf Masse, Länge, Zeit, zurückgeführten
Maasssystem die Intensität desjenigen Stromes, welcher beim
Durchfliessen eines Kreisbogens von 1 cm Länge bei 1 cm
Radius auf die im Mittelpunkte seiner Kreisfläche befindliche magnetische Masse 1 die Kraft 1 ausübt. An Stelle
dieser Weber'schen Einheit benutzt man in der Technik
gewöhnlich den zehnten Theil davon, welche man 1 Ampère nennt. Bei der Hirschmann'schen Batterie wird die
Intensität noch im tausendsten Theile dieser Einheit, also
in Milliampère angegeben. Zur Verdeutlichung diene
die Bemerkung, dass ein Strom von der Intensität eines
Milliampère in jeder Secunde 0.000094 mg Knallgas liefert

oder 0.₀₀₀₃₃ mg Kupfer oder 0.₀₀₁₁₂ mg Silber ausscheidet.

Erwähnt mag noch werden, dass auch der Widerstand, statt in S. E. (cfr. § 148) gewöhnlich in Ohm angegeben wird; 1 Ohm beträgt 1,06 S. E., ist also der Widerstand von 106 cm Quecksilber bei 1 qmm Querschnitt. *1 Ohm.*

Die praktische Einheit der electromotorischen Kraft heisst ein Volt; sie ist dadurch bestimmt, dass sie beim Widerstande 1 Ohm die Intensität 1 Ampère hervorbringt, so dass nach dem Ohm'schen Gesetz die Gleichung besteht: $1\ \text{Ampère} = \dfrac{1\ \text{Volt}}{1\ \text{Ohm}}$. Die electromotorische Kraft eines Daniell'schen Bechers ist ungefähr 1,12 Volt, die eines Bunsen'schen 1,92 Volt. *1 Volt.*

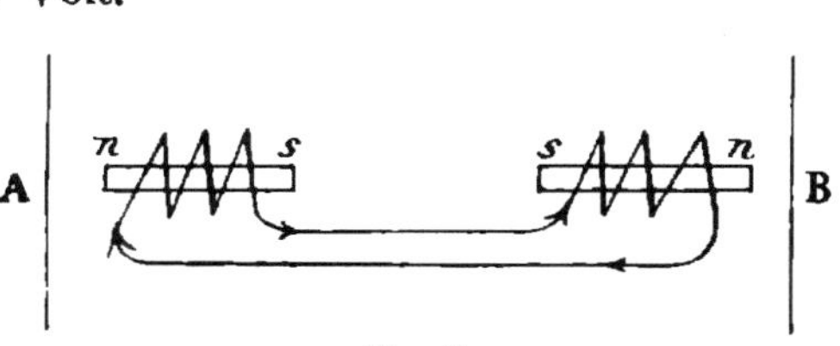

Fig. 49.

166. Auch in der Technik finden die Inductionsströme eine ausgedehnte Anwendung; doch können nur sehr wenige im Leben häufig vorkommende Apparate hier erwähnt werden. *Anwendung der Inductionsströme in der Technik.*

Zunächst sei bemerkt, dass in den schon mehrfach erwähnten Galvanometern die Magnetnadel in eine Kupferhülse eingeschlossen ist; bei jeder Bewegung der Nadel treten in dem Kupfer Inductionsströme auf, welche auf die Bewegung hemmend einwirken (cfr. § 163); durch diese dämpfende Wirkung wird erreicht, dass die Nadel nach jeder Ablenkung ausserordentlich schnell ihre Gleichgewichtslage wieder einnimmt. *Dämpfung.*

Weit verbreitet ist die Anwendung im Telephon (Fig. 49). Man spricht gegen eine dünne Eisenplatte *A*, welche dadurch *Telephon.*

vor einem Magneten in Schwingungen versetzt wird. Bei
jeder Näherung wird der Magnetismus verstärkt, bei jeder
Entfernung geschwächt; diese Aenderungen des magnetischen Zustandes rufen in einer herumgeführten Inductionsrolle Ströme hervor, welche durch die Leitung um einen
ebensolchen Magneten in der Empfangsstation geführt werden und dort also den magnetischen Zustand entsprechend
verändern. Dadurch wird die dort befindliche dünne Eisenplatte B bald angezogen, bald abgestossen und geräth in
analoge, wenn auch schwächere Schwingungen als A; diese,
durch die Luft bis zum Ohre fortgepflanzt, werden als diejenigen Töne empfunden, welche gegen A gesprochen oder
gesungen sind.

Mikrophon. Noch verbreiteter ist das Mikrophon (Fig. 50). Hierbei
spricht man gegen das Holzkästchen A, auf welchem an der
Säule B die Kohlenstäbe C, D und E
sitzen. E ruht lose auf D und ist nur
dadurch, dass es durch eine Oeffnung
in C geführt ist, festgehalten. Durch
eine Batterie wird ein Strom bei C zu-
geführt und fliesst durch die Kohlenstäbe und bei D ab; derselbe ist um

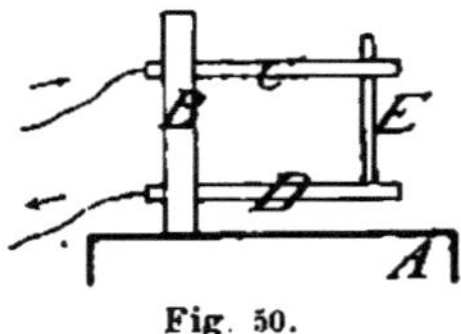
Fig. 50.

ein Telephon geleitet. Wird nun gegen A gesprochen, so ändert
sich im Rhytmus der Luftschwingungen der Contact der
Kohlen und damit der Widerstand des Stromes an der Con-
tactstelle ein wenig; dadurch wird nun auch die Stromintensität geändert; diese Schwankungen wirken inducirend auf
den Magneten des Telephons, welcher nun seine Eisenplatte
abwechselnd anzieht und abstösst.

Natürlich ist die Construction des Apparates mannigfach
variirt; aber das Princip ist immer dasselbe: Die durch die
Töne ausgegebene Schwingungsenergie ändert ein wenig einen
losen Contact, wodurch sie vermittels der Uebertragung durch
Strom und Telephon an einem anderen Orte als Schwingungsenergie zurückgewonnen wird.

167. Die ausserordentlich starken Ströme, welche in der

Grossindustrie, z. B. bei der electrischen Erleuchtung gebraucht werden, sind ebenfalls Inductionsströme. Man versetzte früher vor starken Magneten und Electromagneten mit Inductionsrollen umwickelte Eisenanker in rotirende Bewegung. Eine stärkere Wirkung wurde durch den Siemens'schen Anker erzielt, welcher sich zwischen den Magnetpolen befindet. Ausserdem wurde ein wesentlicher Fortschritt durch das Siemens'sche Princip erreicht, welches darin besteht, dass man als erregenden Magneten ein hufeisenförmiges Eisenstück benutzt, welches, wie alles Eisen, gering magnetisch ist, dessen Magnetismus aber dadurch beständig ver-

Das Siemenssche Princip.

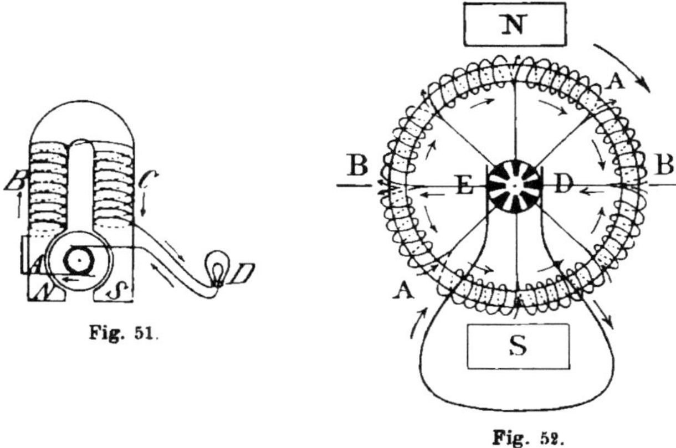

Fig. 51.

Fig. 52.

stärkt wird, dass der inducirte Strom in geeigneter Weise um dasselbe herumgeführt wird, ehe er in die äussere Leitung gelangt (Fig. 51). Man bekommt hierdurch die starken Ströme, welche die Induction des Electromagneten liefert, ohne für diesen eine Batterie nöthig zu haben, welche durch ihren Zinkverbrauch bei der gewünschten Stärke der Ströme sehr theuer wäre; verbraucht wird hier vielmehr die billigere potentielle Energie, welche in der chemischen Verwandtschaft von Kohle und Sauerstoff vorhanden ist, da man zur Rotation des Ankers eine Dampfmaschine anwenden kann.

Die erwähnten Maschinen liefern, wie man durch nähere Betrachtung leicht erkennt, in der fortgehenden äusseren Leitung Ströme von abwechselnder Richtung, so dass man für viele Zwecke, z. B. in der Galvanoplastik, noch eine Commutirungsvorrichtung anbringen muss. Da bei jeder Commutirung (Stromwendung) eine Funkenbildung und Stromschwächung auftritt, so stellen die nach dem Gramme'schen Ringprincip gebauten Maschinen, welche einen continuirlichen Strom liefern, einen weiteren Fortschritt dar. Bei diesen (Fig. 52) rotirt ein mit Drahtspulen umwundener Eisenring zwischen den Polen eines starken Electromagneten, welcher übrigens auch hier nach dem Siemens'schen Princip erregt werden kann. Die nähere Betrachtung zeigt, dass in sämmtlichen Spulen oberhalb BB Strom in einem Sinne, in denen unterhalb BB Strom im entgegengesetzten Sinne bei der Bewegung inducirt wird; gleitet eine Spule über eine Indifferenzstelle B, so tritt Stromwechsel in ihr ein. Die Ströme jeder Spule werden nach der Mitte geführt, wo auf der Drehaxe isolirte Kupferstreifen angebracht sind, von welchen der Strom durch auf ihnen schleifende Metallbürsten abgehoben wird, so dass er in der mit diesen verbundenen äusseren Leitung stets im selben Sinne fliesst.

Der Gramme'sche Ring.

E. Einige Beziehungen zwischen Licht und Electricität.

168. Ueber das Wesen der Electricität haben wir noch keine bestimmten Vorstellungen; doch sind ganze Erscheinungsgruppen bekannt, welche es sehr wahrscheinlich machen, dass dasselbe Agens, welches die Lichterscheinungen vermittelt, auch Träger der magnetischen und electrischen Erscheinungen ist.

Am längsten bekannt ist wohl die Thatsache, dass die Polarisationsebene von Lichtstrahlen beim Durchgange durch ein durchsichtiges Dielectricum gedreht wird, wenn sich dasselbe zwischen den Polen eines starken Magneten oder Electromagneten befindet.

Sehr wichtig ist in obiger Beziehung ferner der in den letzten Jahren durch die Hertz'schen Versuche experimentell geführte Nachweis, dass die Inductionswirkung sich ebenso, wie die Lichtwirkung, und mit derselben Geschwindigkeit durch den ganzen Raum ausbreitet, wobei die Dielectrica sich wie durchlässige, die Leiter wie reflectirende Körper verhalten.